KB266397

스도쿠 마니아 300

SUDOKU MANIA

스도쿠 마니아 300 - 초급·중급

초판 1쇄 발행 2026년 5월 12일

지 은 이 | 브레인 로직
펴 낸 곳 | 도서출판 모모
디 자 인 | 윤임식
주　　소 | 서울시 서대문구 증가로211, 302호
전　　화 | 02)304-9510
팩　　스 | 02)304-9511
이 메 일 | supiabook@naver.com

출판등록 | 제 2018 - 000055 호
ISBN 979-11-992427-3-9(13410)

©수피아 2026 Printed in korea

※ 본 도서의 모든 내용은 저작권법에 의해 대한민국 내에서 보호를 받는 저작물이므로 무단 전재와 복제를 금합니다.

※ 책값은 뒤 표지에 있습니다.

※ 잘못된 책은 구입한 곳에서 교환해 드립니다.

('수피아' 는 도서출판 모모 브랜드의 임프린트 입니다.)

01 스도쿠란
스도쿠 역사 및 유래

스도쿠는 수학자이며 물리학자인 레온하르트 오일러(Leonhard Euler 1707. 4. 15 ~ 1783. 9. 18)가 만든 라틴 사각형 또는 라틴 방진(Latin square)이라 불리는 특수한 규칙에 따라 숫자를 배열하는 퍼즐에서 유래한 것으로 전해지고 있습니다.

1979년 미국의 퍼즐 잡지인 델지에 Number Place라는 제목으로 인쇄되어 처음 알려지게 되었고, 일본에서는 1984년에 수독(數獨)이란 이름(일본식 발음 스도쿠)으로 알려지기 시작했으며, 2004년 11월엔 영국의 더 타임스에 등장하여 대중적인 오락으로 인기를 누렸습니다.
현재에도 영국, 미국, 일본 등 여러나라의 신문지상에 실리고 있으며 인터넷과 스마트폰의 발달로 앱으로도 나오고 있어 언제든 친숙하게 접할 수 있는 퍼즐로 자리잡고 있습니다.

스도쿠, 수독(數獨)은 홀로있는 숫자란 뜻으로 일본식 발음으로 스도쿠라 알려져 한국에서도 많은 마니아 층을 형성하고 있습니다.

02 풀이 규칙

기본 규칙

스도쿠는 총 3×3 사각형이 9개가 모여 큰 사각형을 이루고 있는 형태이며, 각 빈칸에 숫자를 채워 넣는 게임입니다.

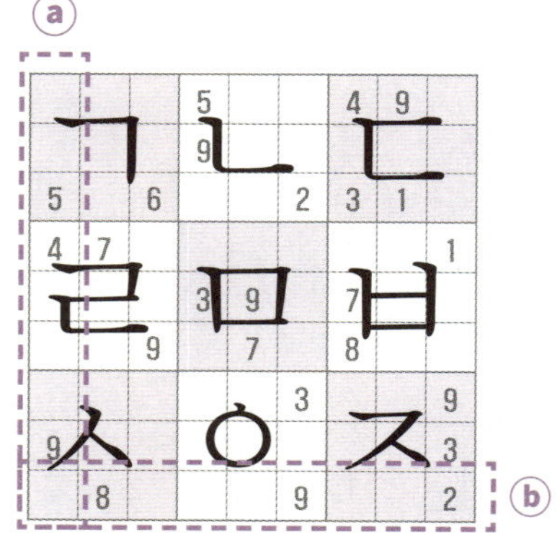

스도쿠의 기본 규칙은 우선 3X3의 작은 사각형(ㄱ~ㅈ)안에 1~9까지의 숫자가 겹치지 않게 숫자를 채워야하고 또한 ⓐ 세로 줄에도 1~9까지, ⓑ 가로 줄에도 1~9까지 숫자를 채워 넣는다는 기본 규칙만 지키면 됩니다.

1. 3X3의 작은 사각형(ㄱ~ㅈ)안에 1~9까지의 숫자를 채운다.

2. 가로 줄 및 세로 줄에도 1~9까지 숫자를 채운다.

3. 모든 작은 사각형(3×3), 가로 줄, 세로 줄에 겹치는 숫자없이 모두 한 칸 안에 한 가지의 숫자가 들어가야 한다.

03 스도쿠 쉽게 푸는 방법
풀이 방법 ①

쉽게 푸는 첫번째 key

1. 많이 열려있는 숫자에 집중하세요

스도쿠 문제를 볼 때 제일 먼저 봐야 할 것은 열려있는 숫자입니다. 열려있는 숫자 중 가장 많이 보이는 숫자 7에 집중해 보세요. 작은 사각형(3×3)에 이미 7이 있고 가로 세로 줄에도 이미 7이 있다면, 그 작은 사각형과 가로 세로 줄에는 더이상 7이 들어갈 수 없으므로 A자리에 7이 들어가야 합니다. 이런 방식으로 비어있는 7의 자리를 찾아 넣어야 합니다.

A	1				2			3
3				4	A		5	
	6		3			7		
2		7	8		3			
5				6			A	1
			7		5	8		9
		3			6		4	
	7			9				5
8			1				2	

다시 5를 찾아보세요. 같은 방식으로 찾다보면 B자리에 반드시 숫자 5가 있어야 합니다.

7	1				2			3
3				4	7		5	
	6		3			7		
2		7	8		3	B		
5				6			7	1
			7		5	8		9
		3			6		4	
	7			9				5
8			1				2	

우선 많이 열려있는 숫자를 찾아 보고 작은 사각형과 가로, 세로 줄을 집중해서 찾아 보세요.

04 스도쿠 쉽게 푸는 방법

풀이 방법 ②

쉽게 푸는 두번째 key

2. 행, 열 중 같은 숫자에 집중하라

7	1				2			3
3				4	7	B	5	
	6		3	A	A	7	C	
2		7	8		3			
5				6			7	1
			7		5	8		9
		3			6		4	
	7			9				5
8			1				2	

첫 번째 Key 법칙에 따라 숫자 1은 A 또는 B,C자리에 들어갈 수 있습니다. 행이나 열에 같은 숫자가 들어갈 수 있는지에 집중해야 합니다. 우측 예문의 숫자 1이 같은 행 A자리에 들어갈 수 밖에 없다면, C의 자리엔 자연스럽게 1이 들어갈 수 없습니다. 그런 이유로 B의 자리가 1이 되어야 합니다. 이 경우 A자리 두 곳은 어느 쪽이 1인지 아직은 확실하지 않습니다. 그렇다면 A자리 두 곳에 작은 글씨로 1을 적어 넣고 기다려야 합니다. 풀다 보면 A의 어느 쪽이 1인지 분명해질 때가 반드시 오기 때문입니다.

3. 채워진 행, 열 숫자에 집중하라

	7	1				2			3
	3				4	7	1	5	
		6		3		1	7		
ⓐ	2	A	7	8	1	3	5	B	C
	5				6			7	1
				7		5	8		9
			3			6		4	
		7			9				5
	8			1				2	

ⓐ행을 보면 A, B, C칸에 9가 들어갈 수 있습니다. 그러나 B, C 칸 작은 사각형(3×3)에 이미 9가 자리하고 있습니다. 그런 이유로 자연스럽게 A에 9가 들어가야 합니다.

05 스도쿠 쉽게 푸는 방법
풀이 방법 ③

쉽게 푸는 세번째 key

4. 전체를 보라

7	1				2			3
3				4	7	1	5	
	6		3		1	7	8	
2	9	7	8	1	3	5	6	4
5	3	8	4	6	9	2	7	1
6	4	1	7	2	5	8	3	9
1	A	3	C		6		4	8
4	7	B	D	9	8	3	1	5
8	F	E	1	3	4		2	

첫 번째, 두 번째 Key 법칙에 따라 찾고 나면 시야를 넓혀서 행, 열 및 작은 박스의 비어있는 곳을 공략해야합니다. 우측의 예문을 보면 주변의 숫자 2로 인해 A,B,C,D 자리에 2가 들어가야 합니다.

만약 A나 C가 2이면 B나 D는 다른 숫자가 됩니다. 이럴 땐 행이나 열에 빈 곳을 보아야 합니다. B,D가 있는 행을 보면 숫자 2, 6이 B나 D에 들어가야 하는데 이미 작은 사각형에 6이 있으므로 C, D에는 6이 들어갈 수 없습니다. 그러므로 B는 6이 되고, D는 당연히 2가 되겠지요. 그렇게 찾고 나면 자연스럽게 A는 2가 되고, F열에 9가 있으므로 E는 9가 되고, F와 C는 5가 됩니다.

행, 열, 작은 사각형(3×3)중에서 한 두 숫자만 빠진 곳을 보면 주변의 숫자와 연계되어 분명해지는 숫자가 있기 마련입니다.

물론 이렇게 자연스럽게 흘러가는 문제도 있지만 마지막까지 두 칸의 숫자가 동일하게 혼동되는 경우도 있습니다. 고급편으로 갈수록 그런 경우가 많이 생기는데 이때에도 당황하지 말고 빈 칸에 작은 숫자로 적어 넣은 후 전체를 살피다 보면 찾아낼 수 있습니다.

Contents

스도쿠 마니아 300

SUDOKU MANIA

초급 1

001 - 072

001

3	1		9		8		4	5
7	8	5		3		2	6	9
			7	2	5			
	4		5		6		9	
	2	7	1	8	3	4	5	
8	5	6				3	7	1
			6	4	7			
2	7	8		5		6	1	4
6	9		8		2		3	7

002

5	6			2			4	7
		8	5	1	4	9		
4		9	3		7	1		8
9		4	2		6	5		3
6				4				2
2		7	1		8	6		4
1		6	4		2	7		5
		2	7	5	1	4		
7	4			9			8	1

003

2		7	9		4	1		3
	4		3		2		9	
3	1	9	6		5	4	8	2
9		3		6		8		5
	8	1		3		6	4	
4		6	8	5	1	3		9
7	9	2	1		3	5	6	8
			5		8			
1		8	7		6	2		4

004

8	9		3	5	1		6	4
4	5			6			3	2
6				9				1
5			1		6	8		
	3	7		8	4		5	6
	8	6	9				2	3
		9	6		8	3		5
	6			1			4	
7	4	8	5		3	6	1	9

005

	3			7			1	
9	7	4	8		1	6	3	2
	1		4	3	6		7	
1	2		9		5		8	6
		8	1	6	7	9		
6	9	7				1	4	5
	5		6	1	3		9	
4	6	9	7		2	3	5	1
	8			9			6	

006

		1	4	3	8	2		
8	4	5		6		3	9	1
3			5		1			6
2		4	9	8	6	1		7
	1	6		2		8	4	
9		8		7		5		2
5				1				4
1	2		8		7		5	3
4	6		2	5	9		1	8

007

	3	4	6		1	5	8	
	2		5		4	1		6
5	6		9		3		2	4
3	1	5		6		9	4	7
			7	4	5			
4	8	7		1		6	5	2
2	5		4		7		6	1
1		6	2	3	8		9	
	4	9	1		6	2	7	

008

	8	6	5		2	4	3	
7	4			6			5	1
5	3			1	4	2	7	
	5	1	6	3			2	4
3		4	2		5	1		7
6	2			4	1	5	8	
	6			5		7	4	2
4				2				5
	7	5	4		3	6	1	

009

		5	1		4	7	2	3
	2			7				
	4		2		8	9	1	5
	3					5	8	9
	5		3	8	1			
	6			9	2	1	3	7
	7		8		9	4	5	1
5	8	2		1				
9			6		3	2	7	8

010

7	5	2		3		4	6	8
9	3			5			2	7
			2	8	7			
	7			4			1	
	9	3		7			4	6
	2	6	3		5		8	9
3			1		8			
5	1		7		4		3	2
2	8			9			7	1

011

	4	7	5		3	6	9	
9		5	1		7	8		2
8			4	2	9			5
4	7			9			1	8
		2	3	1	4	9		
1	9			5			2	3
3			8	7	6			4
7	1						8	6
	5	8	2		1	3	7	

012

		6	3	7	8	5		
	1	5		6		8	3	
8	9			1			6	2
4	3		1	8	6		5	9
9								6
	6	8	2		4	1	7	
		9	6		7	3		
3	7	2	8		9	6	1	5
6			5	3	1			7

013

8	6	3				2		
	7		8	4	6		3	
		5	2		7	6	8	9
2	1			9				3
6	3	9		8	1		4	2
		4			3	7		
4	5	8				3	1	6
3			5	1	8			7
		1	3		4			8

014

6		7	1		4	9		3
3		1	5			7		2
			7	3	2			
9	7			2			1	8
2	3		6		8		7	9
	1	6		9		3	2	
		9		7		2		
1		2	9		3	8		7
7	8		2		1		9	6

015

1			5		7			8
8	6		9		4		1	5
5		2				9		6
7	3		6	8				
4			2			8	3	
	8	1	3		9	6	5	
6								2
3	2		7		6		8	1
	7		1	5	2			3

016

	9	5	8		2			6
3		6		4	7	9		2
2			6		9		3	1
8		3	2	9		6	1	
	2		3		8			
	5	7		6		3	2	
	6		7		4		8	3
4		8		2		1		5
7	1			8	3			9

017

		4	5		3	1		
	8	1				4	3	
2	9		4	1	8		6	7
3		6	9		2	7		1
	1	9		7		3	2	
8			1		6			5
6	4		3	5	1		7	9
	3	2		8		6	5	
		5	2		4	8		

018

8			7	6	5			9
6	5	4		2		3	1	7
		7	4		1	8		
	3	8				5	4	
4				1				8
	6		8	4	2		7	
7		1	3		4	2		5
	4	5		8		7	3	
3	2		1	5	7		8	4

019

9	3		4	1	5		7	2
7			6		9			1
1		4				6		9
	1		9		2		6	
2		9				4		3
	6		8	4	1		2	
6		1				2		4
8			1		4			7
5	4		2	8	7		9	6

020

3	7	4	6					1
6		9		8				5
1		8			4	7	2	6
	3		4	7	6		1	
7		1	8		9	6		2
5		6				4		9
	1				3		6	
4		7		6		2		3
2		3	5			1		4

021

1	8	4		2		3	5	7
7			1		3			8
9			7		4			6
	7	2		1		5	6	
		1	4		5	8		
	3	5		9		4	7	
	4		5	6	7		9	
3			2		1			5
5	1	7		3		6	2	4

022

	5		2	6	1		7	
	1		9	3			5	
2	9		7				1	6
8				4	6	1		7
	6	7		9		8	4	
1		9	3	8				5
	7				3	5	6	4
6	3			7	9		8	
4		2	6			7		

023

6	8	1	7				9	2
			8				1	5
9	2		6	4	1	7		
	9	2				5		7
	7	3		5	6	8		9
			9	2				
7						2	3	8
	3		2		4	1	5	
2	5		1	8	3			

024

			9		3	1		7
3		9	4		1	2		5
7	6			8				3
	2	7		3	5		1	
5		4	2		7	6		8
	9		1	4		5	7	
1			6	5			4	
4		6	7		9	8		
9		8		1		7	2	

025

1		6				2		4
	4		7	8	1		3	
8		3	6		4	5		1
	5	7	9		2	3	1	
9	1						2	7
	3	2	1		8	4	5	
3		9	8		6	7		5
	6		4	5	3		9	
5		4				1		3

026

	5		3	7	6		1	
1	3	9		5		7	6	2
		7				4		
5			6	8	1			4
8	7	6				5	2	1
4			5	2	7			9
	6	1				2	5	
7	4			3			9	6
			9	6	5			

027

4	1			5			6	3
		7	1		6	4		
		6	7		4	8		
6	2			1			3	4
9			5	4	8			6
5	7			6			8	
		5	6		3	1		7
		9	4		1	3		5
1	4			7		6		

028

	9			6			4	
		6	9		2	3		
	3	7				9	2	
7	6			8			3	2
4			6	2	1			9
2	8		7		9		5	4
	1	5		4		7	9	
		8	1	7	3	4		
	7			9			8	

029

	1	5		8	3	9	6	
		8	2		5	1		
	3	7	9	1		5	2	
7	4		6	2			5	1
1	5		8		7		9	6
	9			5	1		7	
	7			9	2		8	
3			5		8			9
5	8		3	7			1	2

030

			1	5	4			
9		6	7		3	4		8
5	4	7				1	2	3
			4	7	8			
	8	3		9		6	7	
7		9				2		4
1	9			4			6	5
	3	4	5		2	9	1	
			8		9			

031

7	4		3	1	2		6	9
		6				5		
	1	3	9	5	6	4	7	
9		2	5		4	6		8
4		8	2		1	3		5
3								4
	2	9		8		1	4	
1		7				9		6
5	3		1	6	9		8	7

032

7								2
2	9		8	7	3		4	5
1			5	2	6			9
		1		8		5		
6		9	2		7	4		8
	7	8				6	2	
	3		9	1	2		7	
8			7	6	5			4
	6						5	

033

8		6		9				5
		9	7		6		4	
4		2		5		6	9	
	2		3	4		1		7
7		1	6		2		3	4
	6	4						2
	1				8	3		9
	4			7		8		
2		5	9		3	4		1

034

8	1		9	5	2		3	6
	9	2				8	4	
		6	8		4	2		
2	5		6		7		9	4
9			1		8			5
3				9				7
		9				5		
4	2			7			1	8
1	7		5	8	9		6	2

035

2		8	4		5	9		7
4		7	9		6	2		3
5				3				8
			6		8			
7	4			2			3	6
8	6			7			2	4
		4		9		3		
	8		3		4		7	
9	7		8		2		1	5

036

	5		7		4		6	
1	4	7				5	3	2
	8		1		5		9	
5		8			9	3		7
7	6		2	5	1		4	8
4			3					6
	3		8		7		2	
2	7	9		6		1	8	5
	1		5		2		7	

037

8		5			6	7	1	4
3		6	9		4			8
7			1		8	9		
2	8	1	7	3		6		
		9	4		2		8	7
6				9	1		5	
1	2			4		8	9	
		8		1		2		3
	5	7	2		3			1

038

5	4	1				2	6	
	2			7		4		5
			5	4	2		3	
4			8	1		3		2
	8	2			4		1	
1	3			6		7		
3			6		8			
9		8		2			7	
	5					8	4	9

039

5	2			4		3	1	7
		1	3	7	8	2		
7	6				1			8
	3	5	8	1			2	9
			5					3
2	7	9		6	3	1		
3	8				5			4
		7	9	8	6	5		
9	5			3		8	6	1

040

3								1
		4	5		1	8		
2		6	8	7	4	5		3
8	7						6	4
5		3	7	4	9	1		2
	4		6	2	8		3	
	5			8			1	
		8	3		5	6		
	3	1		6		2	5	

041

	7		5	3	8		1	
9	5	3	7		1	2	6	8
		8				5		
8	6	2				7	3	5
			6	8	2			
1	9	4				6	8	2
		9		7		8		
7	2	5	8		3	4	9	1
			4	2	9			

042

2	5						1	8
7	8		1	2	9		5	6
			8		3			
8	3		6		5		7	9
		9		8		6		
6	4	2				5	8	3
3	6		5		4		9	2
1	2		9	3	8		6	5

043

7	8	4		5		1	9	2
	1	5				7	3	
			7	4	1			
1	3		8		5		6	9
8		6	9		7	2		5
	9	2				8	7	
			4	9	8			
	5	8				9	4	
4	7	9		6		3	8	1

044

1			6	4	8			3
	9		5		3		2	
5	3	6				7	8	4
	2						4	
		3	4	1	7	5		
7	5	4		9		3	1	6
				6				
6	4		7		1		3	9
2		7	9	3	4	1		5

045

	1	7		2		3	5	
	6		3	5	9		4	
5								6
4			7		3			5
7		5	1		4	8		2
	8				5		3	
	5							
8				4		1		3
6	2		9	3	7		8	4

046

		8	6		5	4		
	3	2				9	6	
4			3		9			1
		5		6		1		
2	7	9		8		6		3
6			2		7			9
9	8					5	2	
3			8		2			4
		4	7		6	3		

047

	2	3		1		9	6	
9			2	6	8			1
6	1						5	7
	8			7			1	
		6	1	4	5	8		
5	9					6	7	4
1	3		6	8	9		4	2
			7	3	1			
	6	9				1	8	

048

8		7	5		4	3		2
4		3	7	1	6	8		5
	6			8			4	
3	7			6			8	9
			9		8			
6	9		3		7		1	4
	4		8		1		2	
9		5	6	3	2	4		1
1		2		7		6		8

049

3			5		6	7		1
6		5		9		3		2
7		4	8			6		
	9	6	1		7		2	4
				5				
1	5		4		2		6	7
		8		7	5	4		
5				4		8		6
4		1	3		8			9

050

6	5		4		3		9	1
		3	8		1	7		
1	7	8				3	4	5
	3			8			7	
4		7				5		8
8			7	3	4			2
7	2		5		8		1	3
		9	3		2	6		
	8	6		9		2	5	

051

5	7		4	3	8		6	2
	3	8		9		4	7	
2			7		1			8
	9	2		8		7	1	
4	8			6			5	9
	5	1		7		6	8	
			8		9			
9	2		6	4	7		3	1
8	1			2			4	7

052

				1	4			
6	9			5			8	4
	3	4	8		6	9	5	
1		3	2		5	8		6
5	6						9	2
			6		1			
	5	6	7		9	4	1	
8	2			4			7	5
				6	8			

053

	6		3		1	5		7
3		7	2		8	1		9
4		1					2	
	9	3		5		8	6	
2			6		3			1
	1	6	7		9	4	3	
6		8				3		4
1		4	8		2	9		6
	3		4		6		1	

054

	6			4			2	
3		2	7	5	6	1		9
5	1						8	7
			1	8	4			
8	4	3				5	6	1
	2		6		5		9	
	7						1	
9		1	2		8	4		3
	3	8		1		9	5	

055

6	2		4	3	1		8	9
8		1	6		7	5		4
		4				2		
2	5	3				6	7	1
4			2	7	3			5
9			5		6			2
		2		5		4		
3		7	1		2	9		8
5	6			8			2	3

056

2		3				7	9	6
	1		7	6	2		8	
	8	6		4				
3			2			8	5	
1	7		6		5		2	9
	2	8		3	4	6		
8		2	4			1		7
	9		8	1		2	6	
		1		2	7			

057

			8	9	1			
		6				4		
3	8		4		5		1	9
2	3			7			8	5
	1						6	
6			5	1	4			2
7								6
8		2	7		9	5		1
	5	1	6		2	8	4	

058

		3		4		5		
		6		5		3		
5	9			8			1	4
2		9	7		3	1		5
	1	7	5		8	6	9	
3			4		9			7
7	2						3	6
	5		1	3	4		7	
		4		7		8		

059

7	4			5			8	2
1		8	4	7	2	5		9
9				3				4
			5		3			
	1	4		6		8	9	
	7	9				2	5	
4			3		6			5
8		1	9		5	6		7
6	9			2			4	8

060

	4						3	
8	3		1	4	7		5	6
9				6				2
	8		5		6		7	
	1	3		9		2	8	
	7		3		2		9	
3			9	7	1			4
	2	1		3		7	6	
7	9						1	

061

6			9	1		3	7	
					6	2		4
2	8	3		7	4			9
9			6	4				1
		8	1		9	7		
	3	1		2	8	9	4	
1	9		3	8		4	6	7
8		6	2	9				
	7					8		2

062

	4	6	1		8	7	2	
			4		9			
5	1	9				6	8	4
2	3				5		9	7
		8		3		5		
6	5		9			1	3	
8	6	3				4	7	1
			8		6			
	9	5	3		4	2	6	

063

				5				
1	8	3				7	4	5
		4		8	1	9		
3	4			6			8	7
6	2						9	3
8				3	7			6
	7			9			2	
4	9	6					1	8
		1	8	4		5		

064

	9						7	
	8		9		2		1	
2		4	6	7	1	8		5
		2		5		4		
	4	5				7	6	
8			4	9	6			1
	1		7	4	5		8	
	5						4	
4	2	9				3	5	7

065

1	2		3	6	9		5	4
				1				
6	9						8	1
4								5
	5		9		4	8		
2		6	8		5	1		9
5		4				6		8
				8				
8	1		7	4	6		9	3

066

3	5		1		2		6	
8		1		5		4		2
	9		7		4		1	
9		6		7		5		4
	8		2		6		3	
2		3		1		8		6
	2		4		7		5	
4		5		6		2		7
	6		8		5		4	3

067

	1		2	6	5		3	
	6						5	
5		8		1		6		9
4	3	6		9			1	8
				4		9		5
	9		6		8		2	
	5			2			8	
	4	1	8		6	5		2
		9			4			6

068

6	5			2			7	4
8	3			9			2	6
		2	6		4	1		
9		6	8		2	3		5
				7				
3		8	5		6	7		2
		3	4		9	6		
5	6			3			1	8
4	8			6			3	9

069

1				7				2
	5		3	9	2		1	
		7				5		
3	1	9				2		5
			2	6	9			
7		2		5		4		9
	9	5		8			2	
	3	8				1	4	
			6		4		5	

070

6			1	2			7	
		8	5			9		
9	3				8	5	1	
7		5		8	1		4	
	8	6	9		2	1		3
							8	9
2	4				3		9	
				4	7	2		
8	1				5	4	6	

071

1	6		4					
			8	7			6	
	7	5	2			4	9	3
	8				2		5	
2	4	1		5		6		
		7	3	9			4	
		6			3	7		4
9	1			2	7			
	3				4	9	2	

072

9	5			6		3	1	7
	1			3	4		8	
	8			1				
			4					3
	4		1	7			9	8
2	6	8	3					1
		5				8		
	2	1		8		7	5	
		9	6	5	7	1		

스도쿠 마니아 300

SUDOKU MANIA

초급 2

073 - 150

073

3				4				5
9	5	8				2	4	1
			5	9	8			
	1	5		7		3	2	
		9	4		2	1		
		4		1		9		
			7	8	4			
5	4	3				7	1	8
8				5				9

074

		4	1		7			9
	6			3			7	
9			5			1		
6			2		8	7	5	
	4			5			9	
		5	6		4			8
		7						1
	5			7			2	
3			4	2	5	9		

075

4	6						7	8
3				6				5
		1	8		4	3		
		4	9		8	7		
8				3				2
1		5	4		7	6		9
		6	2		3	5		
2	1			4			9	7
5	4			1			6	3

076

5	1	2	3				9	4
		7		2		1	3	8
				6	4			
			9		6	4	7	3
	5						1	
6	3	4		1				
		3	2	4				
2	4			9		3	5	
9	8				1	7	4	

077

								1
9	2	5	6				4	
4				5	3	7	2	
					1			
5				9	8	4	7	
8	7	3	4				6	
			1					3
6	3				2	9	1	4
1	9		8	3				

078

7		6				2		8
	4		1		6		9	
8		1	2		7	6		5
	8	7		4		1	2	
			8		2			
	6	9				5	8	
6		8	9		1	4		7
	5		6		8		3	
		3				8		

079

4	2			7			6	
	7			2	3	1	4	
		6				3		
1	4			8	6	7		5
	6						8	
				4	9			1
6	5			1			3	4
	9						5	
		4	8	6		9		

080

3	1						8	2
6		7	2		3	1		4
			8		9			
5	6		1	7		2	3	
		1				8		
8	2		6	9		4	1	
4	5		9		1		6	
9		6	5		4	3		1

081

2			8		1			
	4		6		9		5	
		3				6		9
				8	5			
7							2	4
4	3		2	9			8	
			5	6	8			
		2				3		
6	9	8				4	7	5

082

7		1		6		2		4
			7	4	2			
2		3		9		6		7
3	7						9	1
				8				
1	5						2	6
9		2		7		5		8
			8	5	9			
5		6		1		4		9

083

2	7			9			8	3
3	5		2	6	8	4		
	2	7				9	3	
			7	8	3			
8	4						6	5
	3		8		7		2	
	1		4		6		5	
5				1				6

084

				5				9
	1	6		4	3		8	2
		2		9				1
		5	3			7		
	7		6	2			9	
6			9			2		
		4		6				3
	8		5	3	7		2	4
		3						7

085

1			9					6
		3		6		2		
	2	7	8		1	3	9	
	7			8			2	
			6	2	7			
8		2				9	6	7
7	6		2		3	5		8
2		4		7				9
		9		1				

086

		3	5		9	2		
8			7		2			4
9	2						7	1
		4				8		
6	1			8			9	5
		8	9		1	6		
1								9
3			6		4			2
		7	1		5		6	

087

8				1	4	3		
		4			8			6
	1	2	6				8	4
6		5						1
4	2				7	5	9	
1			3			6		
			8	7				
	9	3	5			1		
		1			3	4	6	

088

	5		2	3	7			
3	2				6	7	9	
	1					2		
		5			1			2
	6	7	3				1	4
				9	4	5		7
6					3		8	
1	8		5			4	7	
5		9	7	1			2	

089

		8	9		3	5		
5				2				7
	4						8	
	5			7			6	
	2		3		6		5	
		7	1		5	8		
7	6						3	9
1			7	3	2			8
	8		4		9		7	

090

7	9	6				2	8	5
	5		2		6		4	
			8	5	7			
		1				6		
			5	1	2			
2		3				7		1
			6	8	9			
	1		7		4		6	
8	6	7				4	9	3

091

3				7				9
	8	2				3	4	
1			4	2	3			6
5				8		6		4
	1	6	2		7	8	5	
8				1				7
		8			4	5		
	9		8		1		7	
4								8

092

		3		9		2		
	5		7		8		3	
	1		3		5	7	8	
	2	8				1	7	
	6			8			9	
	7	9	4		1	8	5	
	3						6	
	4		1		9		2	
		7		3		5		

093

			2		7			
	2		1		9		7	
6		1		3		9		8
		6	4		5	3		
3		4				7		2
	1		7		3		6	
2		7		4		5		6
			3		6			
	6		9		2		4	

094

4	9			2			6	5
6		5				3		2
			1	6	5			
		4				5		
		2		4		6		
	3	7	2		6	9	4	
			4	9	7			
1		9				2		6
7	5			1			8	9

095

		4	8					
		7			2	4	6	3
	1			6	4			
3			4	9		8	5	
		1	6		8	3		
	9	8		7	5			1
	2		7	5			1	
		9	1			2		
	4					7		

096

4	8						7	1
7			8	1	6			9
				4				
			2		9			
3		7				9		2
6		2		3		1		4
		1				4		
	3		4	7	1		5	
2				5				6

097

		9		7		8		4
7				3				2
	1		5		4		7	
	6	8				2	4	
1			4		2			9
	2	4	3		8	1	5	
4		2	7		5	3		8
6				8			9	5
				4				

098

7	6			1			3	8
			4	3				
1		2		8		4	7	9
9		5	2		3	6		7
4								3
	8		7		1		5	
		6		7	4	8		
	7	1					4	
	4			5			2	

099

	3	2		1		5	8	
	1		6	7	5		9	2
9				2				1
3	2						1	7
		7	2		6	4		
		4				9		
				5				
	7	1			9	2	5	
	4	5		8		1	6	

100

	3	5	7		2	1	4	
2			9		4			6
7				3				8
	5	7				6	9	
		1		9		3		
	6		3	1	7		8	
1								5
4			5		9			7
	8	6	4		1	9	2	

101

6	2					7		9
	9	1				5		
			8	9	5		1	
	8						6	
3	4		1			9		8
			7		4			
				4	8			
	7	8	5		6	3	4	
4	1						9	5

102

2				7		1	8	
	3	1		6	9			
	7		2		1	3	4	
6	8			9		5	1	
		9			7		2	
3			5			6		
	9	2		3			7	
			7		5	9	3	
			9	4				

103

		6	8		2	9		
		9					3	
1	7						4	5
		8		9		3		
		3	4			2		
				5				
6	2						1	9
	9					4	2	
		7	1	2				8

104

			7		2			
2		1	8		3	6		5
	3	6				2	4	
	7		5	2	9		1	
		4	6		1	3		
	1						5	
		9					6	
4		3	2		6	7		1
			1		4			

105

					3			7
		9	5	4		3		
	7			1			4	
	5		4			8		3
7		2		5			9	
	3				1		2	
		3		2	8	1		
8			9		5	2		
5	2			3				

106

7	5		6		1		2	9
2								5
			2		9			
	3	7			2	6	1	
6		2		1		3		4
1	4		3				5	2
	8						9	
	7		9		6		4	
			1		8			

107

		7		8		1		
1		2		3		8		9
	6							
3	7			6	4		5	
	4							3
5				1		9	7	
				9	3			
	2						9	1
	9	4			6			7

108

		3	7					
4			2		3		7	6
	2			5				
6		8			4		5	7
1	5		8			4		
				7			8	3
		1	3		2			5
3	7		5	8		9		
							3	

109

8	3		2				9	5
				3				
2	9				4		3	1
7								3
	1		4	9			7	
		2		1		5		
9	7						6	4
			7		9	2		
6	2		1		3			

110

3		8				6		7
				5	4			
4	1						9	5
	3	1			9	4	8	
				1	8			
2	8			4			5	6
	2		9		3		6	
	6						3	
		3				2		

111

	3					6	5	
2		9				1		7
	5		2	4	6		8	9
	2	3				8	1	
			8	2	5			
			9		3			
8	4			6			7	
3		6	7			4		8
	7	1					3	

112

	3	4				5	2	
1			6		4			8
2		5				6		7
	9		7		1		8	
		1				3		
				1				6
		9	5		6	7		
	6		8		3		5	

113

				8		5		
1		5	4		9	7		2
7	3						9	
	7						5	
8				2				9
	2			4			1	
3	9						8	1
5		2	6		8	9		3
				7				

114

	6			9			3	
		1	8		7	5		
7	8						1	2
9			6		5			7
			4		3			
3	5						8	6
6	1						2	4
			1		4			
		2		6		8		

115

5		1		6		3		7
	2						6	
6			5		4			2
				7				
2		3				1		8
	6		8		1		3	
7		2				6		1
	8		7		6		2	
4				9				3

116

1	9		3	7				2
8					1	3		4
		7	4	2		6		
7				9				8
2	5						6	1
		8	5	3				
		5			4	9		
	4		7	6			8	3

117

6				3				8
		3	8		5	9		
	8		2		1		4	
1				7				3
		9	6		4	1		
7				8				2
9	1			5				4
		5	3		6	8		
8				4				5

118

		2	1		6	3		
	9			7			2	
		1	2		4	8		
1								3
		5		4		6		
	4	8		5		7	1	
		4	8		3	9		
	1			2			4	
		9	4		5	2		

119

6								4
		1	6		9	2		
5			8		7			3
	8	4				1		
	9		2	1	8		4	
9	2			7			6	1
		5		6		3		
7			1		5			9

120

		3				5		
	5		2	8	7		1	
7	9						2	8
				6				
3	4		1	9	8		5	2
				5				
8			4		6			3
				3				
4		7				8		1

121

	6	1		5			7	
	9		6		4			
						8	6	
	7					6	5	
6			5	9	8			3
	3						1	
1	4		8		6		3	7
		6				4		
			1	4	3			

122

		1	5		6	4		
	4					9	2	
7								1
4	7		1		2		8	5
1	6		9		8		3	4
9								8
	5	4	8		3	1	6	
						3		

123

1		6				8		3
	4		8		1		7	
5		9		2	7	4		1
	1						5	
6		5		1		3		8
		4	6		5	9		
7				3				4
	5		2		8		3	
4		3				2		5

124

	1	2				6	9	
					7			
	6		5	9	2		1	
		5				2		
	2	8		3		1	7	
4				5				8
			7	2	9			
9			6					4
2		1				9		6

125

		5	8					4
	6			4			5	
1				3	9	8		7
3			4	1	5			
	7	4		6		5	8	
			2		7			9
9		6		7				5
	2		1	5			9	
5					2	4		

126

	3	9						
		5	2	3			9	
						1	3	5
1				8		4		
		3	4	2		8	1	9
	4	2		1				
		8		4	9			1
	5	1	3				7	8
								3

127

			3		9			
6		3	2		5	4		
7	9	5				3	8	2
3	7			6			2	5
	8		7	9	4		6	
4		7				8		9
		1				2		
			8	3	1			

128

5	6	3		2		8		
				8		4		
8			9					7
	7			4			2	
	2		8		1	5		
		1				9		
	8	4		9	6	1		
				3				4
		9			4	2		

129

4				2				8
	5						7	
		6	1	8	7	4		
	8		2		3		4	
7				5				1
	1	9					8	
		8	9		2	1		
	6						9	
3				4				7

130

3			6	2			8	
9		2					1	3
		1	9		4	7		
		9		1		4		
2	1		5		7			
				8			7	2
		3		4		5		
5		6	8		3	2		1
4								7

131

	2		5		1		7	8
9	1		3					5
		8		4			9	
	8	4		5	3		6	1
	5					7		
		1	4		8			
				7	4	5		
6					5			
1	4						3	

132

		9	5	3			6	
6	4	2		8			3	
					7	4	1	
9	3	7		1				4
5				4				6
			9		5		7	3
2	5			9		3		
	9		4	7	2			
	1					2	9	8

133

	6		7		2	9		
	1						6	
	8			3			4	
		7				6		
	2		5		3		7	
1		3				5		9
4	7			5			2	6
2			4		6			8
		9	1		8	7		

134

	1	6				4	2	
		9	1		6	5		
		3		2		1		
1	5		9		4		6	8
			2	6				
	8			7			3	
3			6		7			2
4				9		6		7
				4				

135

5		6		9			4	
9				6		8		2
	2	1	7					
1			5	2	3			4
			9		7	3	1	
				8			2	
			2	1	8			
	4						7	
3		2		7		5		8

136

3			2	9	6			4
7		9				1		2
		6		1		5		
6		4		3	5	2		8
				2	7			
	2						4	
	6				9		5	
9	5				4		2	6
4								7

137

						5	1	
			4	1	9		7	
2	7	1	8				4	
		5			3	7		
	2			4			8	
	8		5				6	
7	1	2						6
					4			
	4		3	2	7	1		

138

	9	2				6	5	
		1		5		9		
			9	8	7			
1	7						3	8
2	4		8	7	3		1	6
	1	4						
				1		4		
	8		5	2	4	1	6	

139

3	6		1					
5					8	4	3	
				4		6		
7		3	9		6		4	
		5		2		1		7
	2		8		1			
	4	9	6	1				8
					5	9		
	5	8			9	2		

140

	1		8		3	9	2	
3	7		2	9	6		4	
	4	1	3	2	5	7	6	
	5						3	
	3	7				4	1	
			5	1	9			
5	8						9	7
		9	4		7	6		

141

			1	5	7			
3		1	2		4	9		5
7			8		9			4
9	5						8	6
		2	7	8	1	5		
4	1						3	2
1								7
8		9	3		5	6		1

142

8	2						4	3
5		3		4		1		6
			8		6			
	8		7	1			6	
9		2				4		1
	1		6	9			3	
	3	4		8	5		9	
2		8				7		4

143

				5				
	7		9		3		8	
	1	9	8		2	7	3	
		5	1		6	8		
			4		8			
7	4						6	2
		7		6		4		
	2						7	
4			7	3	9			1

144

			2	1	7			
8	1						7	9
		7	5		9	1		
	7	9		4		6	3	
	8			5			1	
	3	4		2		5	9	
		6				8		
	9						5	
			4	6	1			

145

		2						8
	5	4	1		2		7	
		7		6	8	1		
					6			
		8		1			9	
	2	1	7			8	6	4
		3			9			
	7			8	4	3		9
2		9			1		8	7

146

				4				
7		1				9		4
		8	6	9	2	5		
				2			5	
6		2	3		5		1	
	5		4		1		8	
		7	8		3	6		
	2	6	7	1	4			

147

	8						4	
6		5				1		9
			5	6	7			
			1			3	6	7
7		3		2		9		8
9	6	8			3			
4				9				
			8		5	4		
		1		7		6		

148

3			8		7			4
		8		4		7		
			5	3	9			
		4	3		8	5		
	3	1		9		6	7	
		5	2		6	4		
	4		7	8	3		5	
				6				
6		3	9		4	8		1

149

		5	9		7	1		
		7	2		8	9		
9	6						2	8
5	1						6	3
		9				8		
			1	3	6			
1	2		8		3		4	9
			5		4			
	5	4				3	7	

150

			2	9	3			
9		8				3		4
	3						1	
	5			2			3	
4	9		8		5		6	7
				7				
	1						8	
		7		6		9		
		5	9	8	1	6		

스도쿠 마니아 300

SUDOKU MANIA

중급 1

151 - 222

151

	4		6		7		8	
	7	2	1		8	4	6	
8								2
			4	3	6			
	6		7		2		9	
		7	5	1	9	8		
3		9				7		8
			8		5			
6								9

152

2	6						1	9
3		9		1		8		4
			8		2			
		7	5		6	1		
	8						5	
		4		2		6		
	1		4	5	9		3	
4		3		7		9		5

153

		8	5	7				9
1	9				6			
		3	2	4		5		
	8				7		3	
9				8			7	
	4		9				5	
		9		5	8	2		
			6				1	
8				1	4	6		3

154

		6	3	1			8	7
7	1			8	9	3		6
		7	1		5	6		
			9		7			
2								3
		5	2	7				
4				9	1	7		
8			5				3	9

155

5	1			9			3	2
4								5
6			5		4			9
		8				5		
7	4		3	1	5		9	6
		1	4		8	3		
8								3
2		6	9		7	1		4
	9			5			7	

156

7	3						6	9
	8		2		4		7	
		2		7				4
8	1						3	6
	7		8	5	1		9	
4	2						5	8
			7	2	5			
5	9			8			2	7
	4	7				3	8	

157

		4				7		
			8		1			
9	1	6		7		8	3	4
			3	5	9			
4		9				3		8
	2		4		7		6	
	6	2		9		5	1	
			2		5			
3		5				4		7

158

3	6			1			9	4
2	9			6			8	3
		7	9		3	2		
		3	4		6	8		1
8								
		9	3		1	6	2	
		8	5		4	9		
9	5						3	2
7	4						6	8

159

		9				4		
8	6			5			7	3
4			6		1			9
	5	8				7	2	
				7				
	1	7	4		2	5	3	
7								5
6	9			4			8	2
			5	6	8			

160

	2						7	
5		4				9		2
	6	7	4		9	1	8	
		5				8		
	7		9		4		3	
	3		2	5	7		4	
		3	7		5	2		
		1				4		
			1	9	6			

161

7		1			9		5	2
		2				4	9	
		9		7	8			
3			8			1	2	5
1			6	3				9
8	5		9					
				8	2		7	
	7				6		1	4
9	1	3		5	4		6	

162

			6	3	4			
	6			8		3	2	5
1	3	7	5				4	
2	5	8		9			3	1
	7		8	1	2			
8				5		4	6	2
3	4						8	
7			9	4	8			

163

7	4							
8	5				6	3	7	
		2	5		1	9	4	
		7	2					5
9		4	6		8	1		
					3	6		
					9	2		
5	2		1	8			6	9
4	9		3	2			8	1

164

7			5	3	8			4
2				4				6
8	1						5	3
	2		6	5	1			
5		1				6	3	2
	7							
				2				
1				6				9
3	6	7				4	2	5

165

	9	1				8	7	
7		4	6		9	2		1
2								3
		7	3		8	5		
	6			5			2	
		3	2	6	7	1		
8								2
4		2	9		6	7		5
	7	5				4	1	

166

	1		8				7	
6		8				3		2
	2				6		4	
			6	4		5	8	
		6				4		
	4	9		7	8			
2		7				1		4
	8		2		5		6	
5		1	4		7	8		9

167

		2	8			4		
	5	1				7	6	
7					5			1
1				7				9
	3		5	4	1		8	
		5		8		1		
		8	1		2	5		
	2						1	
5			6	9	8			2

168

			8	1	2			
1				6				5
	2	4				3	1	
9	8			4			5	7
4			7	5	6			9
		7				2		
	6						7	
2		3		7		9		1
			4	3	9			

169

8		5		6		4		3
	6						7	
7		1		4		6		9
4	1						9	8
		8	4		1	2		
		2	7		8	1		
5	3						6	2
1			2		9			7
			3		6			

170

3								8
	2	6	4		1	9	5	
		1				2		
	3	7	2		4	1	8	
4								9
	9	5	8		3	7	4	
		4				5		
	1	8	9		2	3	6	
9			1		5			4

171

				2				
		2	7		3	1		
8	7	9				2	3	5
	6			3			4	
		3	5		8	7		
5				4				8
9	1	5				6	7	3
		7	3		9	8		
				7				

172

	5	6					3	2
		8	4	2				
	2		3	5		4		
	8						9	
2		4	1		7	8		3
	3						1	
	7			1	4		6	
				9	2	7		
8	4					9	2	

173

7						3	1	
		3	7		8	9		5
				6	3		7	8
			9	1		8	2	
		9	3		5	1		
	7	1		2	6			
1	5		4	3				
3		2	6		7	4		
	8	4						3

174

			2		4			
		2				3		
9	1	7				4	6	2
	9	3				2	5	
1			6		9			4
6	2						9	1
	3	9	5		6	1	7	
		5				6		
			7		8			

175

4	2				1		3	
1			4		9		8	
		3	5					
	8			6		5		
6				4				2
	4	7				1	6	
					6	8		
	1		3		4			6
	3		9				2	1

176

	9	5	1		4	2	6	
2								9
			9		6			
	8	2				7	5	
1				8				4
		4	7		2	1		
			3		5			
3	5						4	1
	4		6		1		3	

177

	3		9	5	1		6	
5		1				2		9
	7				6		3	
		5	6	3	4	1		
	2	8				6	9	
6	1		7				5	2
	8		4	9	5		1	

178

1		7				9		3
		2	3		5	1		
9		5				4		8
3	5						1	6
7			4		6			2
				7				
8		6				2		4
			1		4			
5		3	7		8	6		1

179

8			2		3			9
		3				1		
	9		7		6		3	
3	6		1		5		9	2
		2				3		5
4								
			3		1			
		9	5		8	7		
	5	4				8	2	

180

5	3		1		4		2	6
	4	7			6	5	1	
				2				
	6			7			9	
4			3		2			7
		2				3		
8	7						5	4
	5		2	6	7		8	

181

	7	5				9	2	
	3		2		8		6	
			6		5			
5	1						3	4
		8	1		3	2		
3	2						7	1
	8		4		9		5	
9	4						8	2
		3				1		

182

		9		6		1		
	3		7		1		2	
		6	2		9	4		
1		3	4		2	5		6
7				5				3
5			3		6			7
	2						5	
	4						6	
		7	1	2	3	9		

183

6								7
2	7			8			6	9
	1				7		4	
		3		9		4		
5			7		8			6
	2			5			3	
4			5					3
		6		4		8	9	
3								4

184

9					5		8	1
					4			
7	3		2	1				4
		3	8			1		
	6		9	5	7		2	
		9			3	7		
				9	2		6	
	8	2	5			3	7	
		5	7					

185

6				9				1
	2			7			6	
		5	4		6	7		
1	6		9		4		2	7
			3		7			
5	3						4	6
7	4						3	2
		1	7		9	6	5	4
		6	2		1	8	7	9

186

5				7				3
	3						6	
			5	8	3			
	4	8				6	9	
	9		7		6		8	
	5			2			4	
				1				
4	7		8	5			3	9
	1	3				8	5	

187

4			6	2	9			
3		5	1			9		
		2			3	4	1	
6		1		4			3	7
8		4	5		1	2		6
2			9		6			1
			8		5			
	2			6				4
	8							3

188

5			4	3	7			1
3		4				7		6
	1		5		9		4	
		6				1		
	5			8			6	
		3		9		2		
	4		2	1	8		3	
6		1		7		8		4
8								9

189

2		7			5	6	3	
		6		9	7	8		
		8	1					
7	3						6	4
		9		3		1		
			6		9	2		
					3	5		8
		3		1	8			6
	8	2	4					1

190

		7			9			5
	8			4			3	
4			3	6		7		
8	7		4		5		1	3
		6	7		3	9		
		4	8					7
	2			7			5	
7		5			6	8		1

191

2	7		4		3		1	8
8								7
			2		8			
7	6						8	5
5				1				9
4		9	8		7	2		3
	4	5				6	3	
		8				7		
9			1	2	6			4

192

2			7	8	5			3
7	8						1	6
		4				7		
6		1	2		3	8		7
4	7		8		9		5	1
				7				
		3				1		
	2		4		8		3	
5								2

193

	6	8		2	3		9	7
					8			
5	3					8	1	
4								
2				9		6	8	
	7		2	6	1		3	
			6		2			
	8	1				2	6	
		9					4	

194

	2	9				8	4	
	8	1	3		9	6	2	
6		4	2		7	5		1
	9	7				2	6	
		2	9		1	7		
2			1		6			7
	1			5			8	
5				2				6

195

9	8	7						
	4		7		8		5	
						2	8	7
	7	9				1	3	
		4	6		7	5		
6			5		1			8
						6	9	5
	6			5			4	
3	9	5		8				

196

	2						1	
7		8		6		9		5
			1		8			
1	7						4	9
3			4		2			7
4				1				3
	6		8	2	9		7	
8		9		4		2		1

197

9								7
	6						9	
	7	1	3		2	5		
		9	5		6	3	4	
	5	6		1			2	
			6		7	8		5
2	1				4		7	6

198

1								7
	8		3	1	5		4	
	9						3	
	2						6	
6	5		7	4	2		9	1
		3	5		6	4		
	4			2			5	
	6	2		3		8	1	
3								6

199

			3		4			
		5		1		2		
	1		2	5	7		4	
	6	1	5		8	4	2	
2			1		6			5
	5						6	
	2	4				7	3	
		8		4		6		
5			9		3		8	

200

	7	8				5	3	
	4			9			8	
		5	1		8	7		
		9	7		3	2		
	2						1	
5				1				8
		1				4		
	3			5			9	
	5	6		4		1	7	

201

2								9
		6	9		5	3		
	9	3				8	2	
	6						8	
3			5		9			1
5	2			6			4	3
	7		1		3		5	
		5	8		6	7		

202

6	2						3	9
		9				7		
		1	3		9	8		
2			6	5	1			7
8				3				2
		7				4		
4		8	2		5	3		1
9								8
			7		8			

203

	5						2	
1		3				8		5
	2		5		1		4	
3		2				6		7
	6		4				1	
7		1			8	2		4
	1		9		3		7	
6		5				4		9

204

			6	3				
6	8						9	7
	4			9	7		1	
2					9			4
1			4		6			9
		4	3			7		
9		7	2	5		3		1
	2			6	4		5	

205

7	5		8		6		9	2
4	2	8				1	6	7
	8		9		1		7	
		7				9		
		1		3		2		
	6			2			8	
			5		3			
5		2				3		9

206

				3	7			
5		7		2		6		
	1	3					5	
		2				5		
	3			6		9	7	
			1	9	8			
	7						9	
2		9		5		1		6
	6		9	1			4	

207

	9	5				6	7	
4				2				5
		3	4		5	9		
5					9			1
	4			8			6	
1		9			7	4		2
7		4	3		2	1		6
9								3

208

	9		6	5	2		4	
4			9		8			1
		5				6		
				2				
5	4	2				9	3	8
			3		4			
3						1		4
6		4	7		3	2		
1								3

209

3				6			4	
2								8
	9	1		3		5	6	
9	6			4		7		5
	1				5		3	
		4				8		
			7		3			
1								3
4	7		9		2		8	6

210

9		4			1			
				2	4	8		
2			9	6		4	1	
6		5	7					8
8				9	6	5		1
	4				3	1		
		6		8			3	
			6			7		4

211

3	8			2			6	1
1								8
	9		1				5	
4			6	1	9			3
8					5			6
				4				
	3						2	
		9		6		8		
	6			5			1	

212

	3	5				7	8	
2				3				9
			9		8			
	8						5	
	5			9			2	
		9	5		1	4		
			4		3			
5								7
	6	7		2		3	9	

213

9							1	4
	8		5					7
		7			3			
3		8	9			2		1
	2			1			5	
		1			6	4		
	7	6				1	4	
					9		2	
	5		7					3

214

1								2
	4			5			9	
		7		1		4		
6			7		1			9
	7		3		2		1	
	1	2				3	7	
			5		9			
9	6						4	3
7	2		6		3		5	8

215

	4	1				5	6	
3	6						1	9
			6		7			
4	2	6				9	8	3
			4		8			
7				3				1
			8		6			
6	8		3		5		7	4
	3	4				8	5	

216

		4				1		
				7				
8			9		5			6
7	5		4	8			2	
		2				9		
3				9	1	6		5
9				2				3
		3	8		7	4		
		5		6		8		

217

<table>
<tr><td></td><td>5</td><td>4</td><td></td><td>7</td><td></td><td>9</td><td>8</td><td></td></tr>
<tr><td></td><td>2</td><td></td><td></td><td>4</td><td></td><td></td><td>3</td><td></td></tr>
<tr><td>1</td><td></td><td></td><td>3</td><td></td><td>5</td><td></td><td></td><td>7</td></tr>
<tr><td></td><td></td><td>7</td><td></td><td></td><td></td><td>6</td><td></td><td></td></tr>
<tr><td></td><td>3</td><td></td><td>6</td><td></td><td>4</td><td></td><td>7</td><td></td></tr>
<tr><td>5</td><td></td><td>2</td><td>7</td><td></td><td>1</td><td>8</td><td></td><td>4</td></tr>
<tr><td>4</td><td></td><td></td><td>8</td><td>9</td><td>3</td><td></td><td></td><td>6</td></tr>
<tr><td></td><td>8</td><td></td><td></td><td>1</td><td></td><td></td><td>5</td><td></td></tr>
<tr><td></td><td></td><td></td><td></td><td></td><td></td><td></td><td></td><td></td></tr>
</table>

218

<table>
<tr><td>9</td><td>7</td><td></td><td></td><td></td><td></td><td></td><td>3</td><td>5</td></tr>
<tr><td>3</td><td></td><td></td><td></td><td>6</td><td></td><td>8</td><td></td><td></td></tr>
<tr><td></td><td>4</td><td></td><td>5</td><td></td><td>9</td><td></td><td>7</td><td></td></tr>
<tr><td></td><td></td><td></td><td>1</td><td>2</td><td>5</td><td></td><td></td><td></td></tr>
<tr><td>2</td><td></td><td>1</td><td></td><td></td><td></td><td>7</td><td></td><td>3</td></tr>
<tr><td></td><td></td><td></td><td>7</td><td>9</td><td>3</td><td></td><td></td><td></td></tr>
<tr><td></td><td>2</td><td></td><td>8</td><td></td><td>1</td><td></td><td>4</td><td></td></tr>
<tr><td>4</td><td></td><td></td><td></td><td></td><td></td><td></td><td></td><td>8</td></tr>
<tr><td>8</td><td></td><td>3</td><td></td><td></td><td></td><td>5</td><td></td><td>7</td></tr>
</table>

219

		7				6		
	6			5			1	
4			6		9			5
		6	1		2	8		
1				9				4
	5	4				7	2	
2			4		1			7
	3			7			4	
		1				9		

220

8	4	2		1	7			
						8	6	2
7	2			3	6			1
		3				9		
1		9	2	8		3		
6		1	4			7		5
	5			6			1	
					5			

221

			7	9	2			
		3				9		
	1	9				5	8	
		2	5		4	7		
	8			2			3	
			1	3	6			
	2			4				
		4	3			8		2
9					5			3

222

9	8			6			7	3
5			3		7			4
				9				
	3			4			2	
6			8		3			7
	1			7			4	
		6	7		1	4		
1								9
2	5			3			8	1

스도쿠 마니아 300

SUDOKU MANIA

중급 2

223 - 300

223

1		8		2	4			
		4				3		
			3	8		4		
	4	9	8	3				2
8								4
6				9	5	8	3	
		5		4	1	7		
		1				9		
			5	7			1	3

224

1	4		6				7	8
6								9
		2	1		8	4		
2			8	6	7			
				3				7
		3	9		1	6		
		4	7		9	3		
9								4
8	3				5		9	2

225

9								1
2	6		3		5		8	7
		3		9	2	4		
7		6	4			2		9
		9	5			1		
6	4		7		9		2	5
5		7				8		6

226

	1	2						
6					7		3	
				6		2		
9			2				1	6
8		3		7		9		
	4				5		7	
3		7		8				
	2		4					8
						3	6	

227

9	8		4		5			
2	6						1	4
			6		3		8	9
1		2		6		8		7
3		9		7		2		5
	3						5	
		4						3
	2	6		3	4		7	8

228

	6	3				7	2	
	1		6		4		3	
9								6
			5	3	9			
7								8
		2	7		1	6		
				6				
	7		1		3		6	
	3	8				5	9	

229

				1		6		3
	8	5				9		4
			8		7			
	6		1		5		3	
2								9
	5	8		9		1	6	
	9		6		3		4	
5						7	2	
		7						

230

			3	4	2			
		4		6		5		
9	3						8	6
3					5		9	
4			6			7		
		5						8
5	2						3	7
		9				1		
			2		8			

231

	9	6					3	
				9				5
			2		4			
		7		4		6		
	3		6		2		8	
		9		3		2		
			4		5			8
1				6				9
3	7				8	5		

232

3				4				2
	5	2		8			3	
	8		2		5	7	1	
	3		9		2		6	
9			8		4		2	
		8	4		6	3		
1	2						5	6
				1				

233

5	4		1		3		2	8
6		2	8		4	1		5
		8		5		4		
	1						6	
		3	2		9	5		
		4				3		
3				7				2
	5		3		2	6		

234

2								6
		8				4		
		5	2		4	3		
7						6		
	5				8		1	
8			1	3	2	7		
4						1		
	3				9		2	
1			6	2	7	5		

235

8								5
7			5	9	2			1
		9			1	3		
5	7						3	6
3					5			9
			3	2	4			
		1				7		
9			2	7	3			4
	6			1			2	

236

		8		7	3	2		
	2						5	
	9			2			1	
8								1
	1	9		5		3	4	
3				8			2	
		6	7		2	1		
	5		6		8		3	
		1		9		7		

237

6		9		3		7		2
			5		9			
		1		7		4		
7				8				1
2	1						4	7
		6		5		2		
				2				
1			7		3			4
9	6						7	3

238

		6				3		
	8	1		3		5	2	
2				7				9
3		9		5		2		8
	4		1		9		3	
		2		8		7		
			7		8			
4				9				3
6	2						8	7

239

			6		5			
6				1				8
8	9				3		6	4
	7	2				3	8	
		4	8		7	1		
				9				
4			5		8			7
		8		4		2		
	6				9		4	

240

	9						1	
		1	7		5	2		
	7	4		6		3	5	
	4			1				
	8		5		6		4	
		9	8		3	5	6	
	5	7				9	3	
		3	1		4	8		

241

	2		7	4		6	1	
		9			2	5		
	4	1		6			7	
	7					3	6	
			2		7			
	9	5					4	
	8					4	3	
		7	8			1		
	1	3			6		9	

242

5								6
7		1	8		6	4		2
	4						7	
			9					
4		5		6		1		3
		2			5	6		
	2						3	
8			1		9	2		7
	5						4	

243

	1						7	
	8						4	
		6	7		8	2		
	2						6	
	5			8			3	
		4	2		1	5		
	6				5		9	
2		1				3		6
		3	6		9	4		

244

9				2				7
		5				6		
			4	1	5			
5				3				4
3								2
	9		7		2		8	
1		7		6	3	4		9
	2		1				3	
						1		

245

	7		4					
5		9		7		2		
	8		1		3	7		
2		8		1		3		
	5		6		2		7	
		7		8		6		9
		6	3		5		1	
		1		4		9		5
					1		3	

246

1								4
	2	8				7	5	
	3		2		5		8	
8					4			1
		2	1		7	6		
7	1			8			4	5
					3			
	9	1	6			5	3	
5								9

247

						9	2	
7		3	2		6	1		
1	4			5	8			
				8				
5		6	3			8		
	8	1				7	6	
3	1		5		4		9	8
6				2				7
		4						

248

4		6			2	1		3
8	1						7	5
				5				
			5		8			
	2						5	1
		5	1	4	3			
9								7
1		8	9		4	5		6

249

	4						7	
		6	9		4	8		
		1				3		
8	1						9	7
				5				
		7	3		1		6	
					2			
4	2		6		8		1	9
7								5

250

6				7				2
	9	2				6	8	
			6		2			5
5		6		8		2		1
				6				
		3	2		9	5		
	6						5	
9		5				7		3
			8		7			

251

	8						9	
3		7		1		4		5
	5			3			8	
9			6					3
		2		8	3	5		
5			7					6
	2						5	
7		9			2	6		4
	4				7		3	

252

3		4	6		2	8		7
	7			1			5	
		5			9			8
2		1	5		3	7		
9			1			6		
6		9		7		4		1
	5						2	
				9				

253

4				8				9
	2						7	
7		9		2		1		5
	8	1				5	2	
			5	9	2			
	3	2				6	9	
2		7			1	8		6
3		6		4		7		2

254

							3	2
		3	5	8				4
	9					8		
1	2	8			7			9
				5				
7			6			4	1	8
		1					9	
2				3	1	7		
5	7							

255

	5		6		1		3	
7		6				1		9
					2			
8		7		5		3		2
1		2	3				4	
3		4		2		8		1
	2		1		3		6	
	1		4		8			

256

		1				2		
	7		8		1		4	
2		3				6		1
	2						3	
4			1		3			9
		9					5	
8		5	2		4	3		7
	1		9		5		6	
		2		3		5		

257

	4						9	
7		1			4	6		3
			8					
	5						3	
3		7				9		6
1	9		3		8		4	5
9				7				1
4		8	6		1	5		9

258

		4				5		
	6	7				4	9	
	9				4		1	
	7			1	2		3	
6			3		9			2
	2		7	8			6	
3				5				9
			2		6			
	8			3		7		

259

	6	3	9		4			
						3		
	7		6		3		4	
2				6		9		7
	8						3	
3		6		9				8
	3	7	2		5		9	
		1						
			7		6	4	1	

260

5					3	4		7
			9					
	1						6	
1	4						2	5
6				4				1
	9						4	
3	2			1			8	9
9		8	2		7	3		4

261

		1		6		7		
	6		4		1		9	
4			7		9			1
5		4				8		
			3					
		2				4		3
6			8		2			7
	2	9					4	
		5				6		

262

			6	2				
	7						8	
		3	9			4		
		5		4		7		
			8	5	7			
8		7		6		1		2
		9	2		3	6		
	8						9	
4	3						1	5

263

								6
3		1		4				
	6		1		5		3	
9		3				7		5
	2		3		4		9	
6				1		8		
	4		2		8		1	
				7		4		9
8								

264

4	5						1	9
8				1				4
			3		4			
2		4		8	6			
		7		3		9		1
					7	2		
	7						8	
5					8			6
9	4		6				5	7

265

		7		6		3		5
4				2				
	6	3				1	9	
		1				5		
6				3				2
	3	2				9	1	
	2				3		8	
8			7	5				9
				8				

266

		4			6			9
	3						6	
6				7		1		2
			8		7	4	3	
		3		4		7		
	7	5	6		3		2	
		2		1				3
	1						5	
3			5			2		

267

	6		8		3		7	
3								8
				1	2			
8			4	3	7			2
	5	7				9	8	
6								4
					5			
7			9		4			1
9	2						4	7

268

7			1			4		9
	1	4	9		2		7	
		2		7		5		
			6		9			
		9		3				7
	4		8			9	1	
1		7		9	3	6		
	3				6			
4								5

269

					6			
	2	6		7			5	
					9		3	
6			1		7			2
		5				3	4	
	4	8	9		5	7		
			5	9	1			
	7	4					2	
	3						6	8

270

		7		2		1		
	2		1		5		9	
5						7		2
				4				
3					2			4
	7		3				6	
7		6				5		8
	3		6		1		7	
		1		8		3		

271

	3	1		4		2	8	
2		7				3		4
9	4			3			1	6
								7
			5	8		4		
3			9					
1	6							3
		9		7		5		8
						1	4	2

272

	5			4		3		
7		4				5		6
			2		7			
		1				8		
					6			
		7		8	5	4		
1								7
9		6	7		4	1		5
				9				3

273

			9	1	4		8	
4		1				2		9
	3		8					
	5						6	
		7						2
3			6		8	4		
							3	
9					1			7
		5				6		1

274

								4
	1	5				8		
		4	3		2	6		
			4		6			
2		7		8		4		
		6				7		8
	3							
7				2				
			7	6	8		1	

275

7	3						9	5
6				2				3
		2			9	6		
8		3		6		7		
								2
		5		8		1		
		9	6			3		
2	7							1
	1				5		2	9

276

			6		4	9		
	4			2		1	8	
6				4				5
	7		9		5		3	
4				8				6
2			8	5	1			7
		5				8		
	8			9			2	

277

				5	7		1	3
3		2	6					
	6			3				
	8			2				
		4	5		1	8		
				4			5	
1			9	8			6	
					2	7		5
4	2			7				

278

				9				
3			5		6		8	1
			1		2			
8	6						1	7
		7				2		
	9			6			4	
	8						5	
4		6	3		1	8		9
	3			8			2	

279

			2		1	8		
	9			4				1
	3				8		7	
		9				6	2	
		6			7		9	
6			1	7		4		
		5	3		4			
		7		8				9

280

	7						8	
			3		4			
3								1
				1				2
5		1	2					
		8	9		7		6	
	1				2	8	9	
	2		5	7	9			
	4					6		

281

		1		2		7		
	8					6	4	
2		4		7			1	8
	2		9		3		7	
		7				8		
	4		7	6	1		2	
6				9				7
	3						8	
		9		3		4		

282

7		6	8			3		
	1			3				
3					1	9		7
					8			
	8					4		2
			2	1	7		6	
5		7	6					9
							3	
		9			3	8		5

283

		7				9		
				6				
			9		7	8		1
8		4			9	3		7
	7						2	
		2			5	4		
3		5			1			2
				7			8	
		1	5	8	2			

284

		3	8		1	7		
1				2				9
			3		4			
6		9				5		
			4	7				
5						1	4	
			5				9	3
		8		4				6
			7		6			

285

5								1
	1		7		8		5	
		6	1		3	9		
		7		2		4		
8								2
	2	5			9	8		
		4						
				9	4		6	
6		3				7		5

286

	8	2						
		5	6		3	2		
			2			5	9	
6	3					9	1	
								2
	7	9		6			8	
			4			6	7	
1				5	7			
7	4							

287

	8				6		1	
2			5		4			6
	3			7			5	
6	5						9	1
9	2			8			7	5
		5	7	3			6	
7					5			8
	6				1			

288

	2						3	4
7		6			2	1		
5			4		1			6
				2				
	3				5		7	
	9						5	
3	1		8		4			2
			9					
		5				3		

289

7		2		3		6		8
				8				2
		8				7		
				4			5	6
			7		3			
	4			6		8		
		6				9		
9							7	3
3	1		5		8		6	

290

		6	5					
				3				9
			2		9		3	5
2					8			1
	3	4					2	
			4					
1	4		9					
6				8	4	5		
					7	9		

291

		3						
					8			
		9		3	6	2		
8					9			7
		6			4		8	
	3			7		4		
	9					8	6	
			4	6	5			
4							7	5

292

								3
	1	7	9		4	6	8	
			1		7			
6								8
	7	9		6		1	5	
		8			6			
		6			1	9	2	
9				5				1

293

	5						7	
4				8				1
		7	2		4	6		
	9	6				8		7
	4				1		6	
5			7			3		
		9			8			
3				6				9
	6		4					

294

					6			8
				5				
		6		3	9	4		
	9	2				7		
6				4	8	1		5
				7				6
		8	3				5	2
9		4	2		7	6		

295

		2		6		4	3	
	8	3		4		9	1	
1								
	4			3				8
			6	8	2		4	
					5	3		4
	6		7					
5								9

296

		4						
		3		8			6	
			6	3	9	5		
		7				1		
	4	2		7		8	5	
9								3
		6	8		4		2	
	5			2		6	8	
							4	

297

	6			2			9	
9		7		4		8		5
5		6			4	1		8
	3			5			7	
			1					
7		8				9	6	4
	2				5			
				7				

298

1			4		5			9
7		6		8		4		2
4								5
9	6			1			3	8
			3		9			
			2		6			
5		4				8		6
	3						4	

299

9								3
	7	3				1		
		8				6	2	
	4						1	
6				4	2			9
	9		1	7			8	
							3	8
5			9		3			
		1	2					

300

		5				3		
	3			6			8	
8				1				6
	4		6	8			9	
	8	9			1		6	
		6	4			1		
4				9				2
	7						1	
3		1				4		

스도쿠 마니아 300

SUDOKU MANIA

정답편

001

3	1	2	9	6	8	7	4	5
7	8	5	4	3	1	2	6	9
4	6	9	7	2	5	1	8	3
1	4	3	5	7	6	8	9	2
9	2	7	1	8	3	4	5	6
8	5	6	2	9	4	3	7	1
5	3	1	6	4	7	9	2	8
2	7	8	3	5	9	6	1	4
6	9	4	8	1	2	5	3	7

002

5	6	1	8	2	9	3	4	7
3	7	8	5	1	4	9	2	6
4	2	9	3	6	7	1	5	8
9	8	4	2	7	6	5	1	3
6	1	3	9	4	5	8	7	2
2	5	7	1	3	8	6	9	4
1	9	6	4	8	2	7	3	5
8	3	2	7	5	1	4	6	9
7	4	5	6	9	3	2	8	1

003

2	6	7	9	8	4	1	5	3
8	4	5	3	1	2	7	9	6
3	1	9	6	7	5	4	8	2
9	2	3	4	6	7	8	1	5
5	8	1	2	3	9	6	4	7
4	7	6	8	5	1	3	2	9
7	9	2	1	4	3	5	6	8
6	3	4	5	2	8	9	7	1
1	5	8	7	9	6	2	3	4

004

8	9	2	3	5	1	7	6	4
4	5	1	8	6	7	9	3	2
6	7	3	4	9	2	5	8	1
5	2	4	1	3	6	8	9	7
9	3	7	2	8	4	1	5	6
1	8	6	9	7	5	4	2	3
2	1	9	6	4	8	3	7	5
3	6	5	7	1	9	2	4	8
7	4	8	5	2	3	6	1	9

005

8	3	6	2	7	9	5	1	4
9	7	4	8	5	1	6	3	2
2	1	5	4	3	6	8	7	9
1	2	3	9	4	5	7	8	6
5	4	8	1	6	7	9	2	3
6	9	7	3	2	8	1	4	5
7	5	2	6	1	3	4	9	8
4	6	9	7	8	2	3	5	1
3	8	1	5	9	4	2	6	7

006

6	9	1	4	3	8	2	7	5
8	4	5	7	6	2	3	9	1
3	7	2	5	9	1	4	8	6
2	5	4	9	8	6	1	3	7
7	1	6	3	2	5	8	4	9
9	3	8	1	7	4	5	6	2
5	8	7	6	1	3	9	2	4
1	2	9	8	4	7	6	5	3
4	6	3	2	5	9	7	1	8

007

7	3	4	6	2	1	5	8	9
9	2	8	5	7	4	1	3	6
5	6	1	9	8	3	7	2	4
3	1	5	8	6	2	9	4	7
6	9	2	7	4	5	3	1	8
4	8	7	3	1	9	6	5	2
2	5	3	4	9	7	8	6	1
1	7	6	2	3	8	4	9	5
8	4	9	1	5	6	2	7	3

008

1	8	6	5	7	2	4	3	9
7	4	2	3	6	9	8	5	1
5	3	9	8	1	4	2	7	6
8	5	1	6	3	7	9	2	4
3	9	4	2	8	5	1	6	7
6	2	7	9	4	1	5	8	3
9	6	3	1	5	8	7	4	2
4	1	8	7	2	6	3	9	5
2	7	5	4	9	3	6	1	8

009

8	9	5	1	6	4	7	2	3
1	2	3	9	7	5	8	6	4
6	4	7	2	3	8	9	1	5
2	3	1	7	4	6	5	8	9
7	5	9	3	8	1	6	4	2
4	6	8	5	9	2	1	3	7
3	7	6	8	2	9	4	5	1
5	8	2	4	1	7	3	9	6
9	1	4	6	5	3	2	7	8

010

7	5	2	9	3	1	4	6	8
9	3	8	4	5	6	1	2	7
6	4	1	2	8	7	3	9	5
8	7	5	6	4	9	2	1	3
1	9	3	8	7	2	5	4	6
4	2	6	3	1	5	7	8	9
3	6	7	1	2	8	9	5	4
5	1	9	7	6	4	8	3	2
2	8	4	5	9	3	6	7	1

011

2	4	7	5	8	3	6	9	1
9	3	5	1	6	7	8	4	2
8	6	1	4	2	9	7	3	5
4	7	3	6	9	2	5	1	8
5	8	2	3	1	4	9	6	7
1	9	6	7	5	8	4	2	3
3	2	9	8	7	6	1	5	4
7	1	4	9	3	5	2	8	6
6	5	8	2	4	1	3	7	9

012

2	4	6	3	7	8	5	9	1
7	1	5	9	6	2	8	3	4
8	9	3	4	1	5	7	6	2
4	3	7	1	8	6	2	5	9
9	2	1	7	5	3	4	8	6
5	6	8	2	9	4	1	7	3
1	5	9	6	2	7	3	4	8
3	7	2	8	4	9	6	1	5
6	8	4	5	3	1	9	2	7

013

8	6	3	1	5	9	2	7	4
9	7	2	8	4	6	1	3	5
1	4	5	2	3	7	6	8	9
2	1	7	4	9	5	8	6	3
6	3	9	7	8	1	5	4	2
5	8	4	6	2	3	7	9	1
4	5	8	9	7	2	3	1	6
3	9	6	5	1	8	4	2	7
7	2	1	3	6	4	9	5	8

014

6	2	7	1	8	4	9	5	3
3	4	1	5	6	9	7	8	2
5	9	8	7	3	2	1	6	4
9	7	4	3	2	5	6	1	8
2	3	5	6	1	8	4	7	9
8	1	6	4	9	7	3	2	5
4	5	9	8	7	6	2	3	1
1	6	2	9	5	3	8	4	7
7	8	3	2	4	1	5	9	6

015

1	9	3	5	6	7	2	4	8
8	6	7	9	2	4	3	1	5
5	4	2	8	1	3	9	7	6
7	3	9	6	8	5	1	2	4
4	5	6	2	7	1	8	3	9
2	8	1	3	4	9	6	5	7
6	1	5	4	3	8	7	9	2
3	2	4	7	9	6	5	8	1
9	7	8	1	5	2	4	6	3

016

1	9	5	8	3	2	7	4	6
3	8	6	1	4	7	9	5	2
2	7	4	6	5	9	8	3	1
8	4	3	2	9	5	6	1	7
6	2	1	3	7	8	5	9	4
9	5	7	4	6	1	3	2	8
5	6	9	7	1	4	2	8	3
4	3	8	9	2	6	1	7	5
7	1	2	5	8	3	4	6	9

017

7	6	4	5	2	3	1	9	8
5	8	1	6	9	7	4	3	2
2	9	3	4	1	8	5	6	7
3	5	6	9	4	2	7	8	1
4	1	9	8	7	5	3	2	6
8	2	7	1	3	6	9	4	5
6	4	8	3	5	1	2	7	9
1	3	2	7	8	9	6	5	4
9	7	5	2	6	4	8	1	3

018

8	1	3	7	6	5	4	2	9
6	5	4	9	2	8	3	1	7
2	9	7	4	3	1	8	5	6
1	3	8	6	7	9	5	4	2
4	7	2	5	1	3	6	9	8
5	6	9	8	4	2	1	7	3
7	8	1	3	9	4	2	6	5
9	4	5	2	8	6	7	3	1
3	2	6	1	5	7	9	8	4

019

9	3	6	4	1	5	8	7	2
7	5	8	6	2	9	3	4	1
1	2	4	3	7	8	6	5	9
4	1	5	9	3	2	7	6	8
2	8	9	7	5	6	4	1	3
3	6	7	8	4	1	9	2	5
6	7	1	5	9	3	2	8	4
8	9	2	1	6	4	5	3	7
5	4	3	2	8	7	1	9	6

020

3	7	4	6	2	5	8	9	1
6	2	9	7	8	1	3	4	5
1	5	8	9	3	4	7	2	6
9	3	2	4	7	6	5	1	8
7	4	1	8	5	9	6	3	2
5	8	6	3	1	2	4	7	9
8	1	5	2	4	3	9	6	7
4	9	7	1	6	8	2	5	3
2	6	3	5	9	7	1	8	4

021

1	8	4	9	2	6	3	5	7
7	2	6	1	5	3	9	4	8
9	5	3	7	8	4	2	1	6
4	7	2	3	1	8	5	6	9
6	9	1	4	7	5	8	3	2
8	3	5	6	9	2	4	7	1
2	4	8	5	6	7	1	9	3
3	6	9	2	4	1	7	8	5
5	1	7	8	3	9	6	2	4

022

3	5	4	2	6	1	9	7	8
7	1	6	9	3	8	4	5	2
2	9	8	7	5	4	3	1	6
8	2	3	5	4	6	1	9	7
5	6	7	1	9	2	8	4	3
1	4	9	3	8	7	6	2	5
9	7	1	8	2	3	5	6	4
6	3	5	4	7	9	2	8	1
4	8	2	6	1	5	7	3	9

023

6	8	1	7	3	5	4	9	2
3	4	7	8	9	2	6	1	5
9	2	5	6	4	1	7	8	3
4	9	2	3	1	8	5	6	7
1	7	3	4	5	6	8	2	9
5	6	8	9	2	7	3	4	1
7	1	4	5	6	9	2	3	8
8	3	9	2	7	4	1	5	6
2	5	6	1	8	3	9	7	4

024

2	4	5	9	6	3	1	8	7
3	8	9	4	7	1	2	6	5
7	6	1	5	8	2	4	9	3
6	2	7	8	3	5	9	1	4
5	1	4	2	9	7	6	3	8
8	9	3	1	4	6	5	7	2
1	7	2	6	5	8	3	4	9
4	3	6	7	2	9	8	5	1
9	5	8	3	1	4	7	2	6

025

1	7	6	5	3	9	2	8	4
2	4	5	7	8	1	9	3	6
8	9	3	6	2	4	5	7	1
4	5	7	9	6	2	3	1	8
9	1	8	3	4	5	6	2	7
6	3	2	1	7	8	4	5	9
3	2	9	8	1	6	7	4	5
7	6	1	4	5	3	8	9	2
5	8	4	2	9	7	1	6	3

026

2	5	4	3	7	6	9	1	8
1	3	9	8	5	4	7	6	2
6	8	7	2	1	9	4	3	5
5	9	2	6	8	1	3	7	4
8	7	6	4	9	3	5	2	1
4	1	3	5	2	7	6	8	9
9	6	1	7	4	8	2	5	3
7	4	5	1	3	2	8	9	6
3	2	8	9	6	5	1	4	7

027

4	1	2	8	5	9	7	6	3
8	9	7	1	3	6	4	5	2
3	5	6	7	2	4	8	1	9
6	2	8	9	1	7	5	3	4
9	3	1	5	4	8	2	7	6
5	7	4	3	6	2	9	8	1
2	8	5	6	9	3	1	4	7
7	6	9	4	8	1	3	2	5
1	4	3	2	7	5	6	9	8

028

1	9	2	3	6	7	5	4	8
8	4	6	9	5	2	3	1	7
5	3	7	8	1	4	9	2	6
7	6	9	4	8	5	1	3	2
4	5	3	6	2	1	8	7	9
2	8	1	7	3	9	6	5	4
6	1	5	2	4	8	7	9	3
9	2	8	1	7	3	4	6	5
3	7	4	5	9	6	2	8	1

029

2	1	5	7	8	3	9	6	4
9	6	8	2	4	5	1	3	7
4	3	7	9	1	6	5	2	8
7	4	3	6	2	9	8	5	1
1	5	2	8	3	7	4	9	6
8	9	6	4	5	1	2	7	3
6	7	4	1	9	2	3	8	5
3	2	1	5	6	8	7	4	9
5	8	9	3	7	4	6	1	2

030

3	2	8	1	5	4	7	9	6
9	1	6	7	2	3	4	5	8
5	4	7	9	8	6	1	2	3
2	6	1	4	7	8	5	3	9
4	8	3	2	9	5	6	7	1
7	5	9	6	3	1	2	8	4
1	9	2	3	4	7	8	6	5
8	3	4	5	6	2	9	1	7
6	7	5	8	1	9	3	4	2

031

7	4	5	3	1	2	8	6	9
2	9	6	8	4	7	5	3	1
8	1	3	9	5	6	4	7	2
9	7	2	5	3	4	6	1	8
4	6	8	2	7	1	3	9	5
3	5	1	6	9	8	7	2	4
6	2	9	7	8	5	1	4	3
1	8	7	4	2	3	9	5	6
5	3	4	1	6	9	2	8	7

032

7	8	5	4	9	1	3	6	2
2	9	6	8	7	3	1	4	5
1	4	3	5	2	6	7	8	9
3	2	1	6	8	4	5	9	7
6	5	9	2	3	7	4	1	8
4	7	8	1	5	9	6	2	3
5	3	4	9	1	2	8	7	6
8	1	2	7	6	5	9	3	4
9	6	7	3	4	8	2	5	1

033

8	3	6	2	9	4	7	1	5
1	5	9	7	3	6	2	4	8
4	7	2	8	5	1	6	9	3
5	2	8	3	4	9	1	6	7
7	9	1	6	8	2	5	3	4
3	6	4	5	1	7	9	8	2
6	1	7	4	2	8	3	5	9
9	4	3	1	7	5	8	2	6
2	8	5	9	6	3	4	7	1

034

8	1	4	9	5	2	7	3	6
5	9	2	7	6	3	8	4	1
7	3	6	8	1	4	2	5	9
2	5	8	6	3	7	1	9	4
9	6	7	1	4	8	3	2	5
3	4	1	2	9	5	6	8	7
6	8	9	4	2	1	5	7	3
4	2	5	3	7	6	9	1	8
1	7	3	5	8	9	4	6	2

035

2	3	8	4	1	5	9	6	7
4	1	7	9	8	6	2	5	3
5	9	6	2	3	7	1	4	8
3	2	5	6	4	8	7	9	1
7	4	1	5	2	9	8	3	6
8	6	9	1	7	3	5	2	4
6	5	4	7	9	1	3	8	2
1	8	2	3	5	4	6	7	9
9	7	3	8	6	2	4	1	5

036

9	5	2	7	3	4	8	6	1
1	4	7	9	8	6	5	3	2
3	8	6	1	2	5	7	9	4
5	2	8	6	4	9	3	1	7
7	6	3	2	5	1	9	4	8
4	9	1	3	7	8	2	5	6
6	3	5	8	1	7	4	2	9
2	7	9	4	6	3	1	8	5
8	1	4	5	9	2	6	7	3

037

8	9	5	3	2	6	7	1	4
3	1	6	9	7	4	5	2	8
7	4	2	1	5	8	9	3	6
2	8	1	7	3	5	6	4	9
5	3	9	4	6	2	1	8	7
6	7	4	8	9	1	3	5	2
1	2	3	6	4	7	8	9	5
4	6	8	5	1	9	2	7	3
9	5	7	2	8	3	4	6	1

038

5	4	1	9	8	3	2	6	7
8	2	3	1	7	6	4	9	5
6	9	7	5	4	2	1	3	8
4	6	9	8	1	7	3	5	2
7	8	2	3	5	4	9	1	6
1	3	5	2	6	9	7	8	4
3	7	4	6	9	8	5	2	1
9	1	8	4	2	5	6	7	3
2	5	6	7	3	1	8	4	9

039

5	2	8	6	4	9	3	1	7
4	9	1	3	7	8	2	5	6
7	6	3	2	5	1	9	4	8
6	3	5	8	1	7	4	2	9
8	1	4	5	9	2	6	7	3
2	7	9	4	6	3	1	8	5
3	8	6	1	2	5	7	9	4
1	4	7	9	8	6	5	3	2
9	5	2	7	3	4	8	6	1

040

3	8	5	2	9	6	4	7	1
7	9	4	5	3	1	8	2	6
2	1	6	8	7	4	5	9	3
8	7	2	1	5	3	9	6	4
5	6	3	7	4	9	1	8	2
1	4	9	6	2	8	7	3	5
6	5	7	4	8	2	3	1	9
9	2	8	3	1	5	6	4	7
4	3	1	9	6	7	2	5	8

041

2	7	6	5	3	8	9	1	4
9	5	3	7	4	1	2	6	8
4	1	8	2	9	6	5	7	3
8	6	2	9	1	4	7	3	5
5	3	7	6	8	2	1	4	9
1	9	4	3	5	7	6	8	2
3	4	9	1	7	5	8	2	6
7	2	5	8	6	3	4	9	1
6	8	1	4	2	9	3	5	7

042

2	5	3	4	6	7	9	1	8
7	8	4	1	2	9	3	5	6
9	1	6	8	5	3	7	2	4
8	3	1	6	4	5	2	7	9
5	7	9	3	8	2	6	4	1
6	4	2	7	9	1	5	8	3
4	9	5	2	1	6	8	3	7
3	6	8	5	7	4	1	9	2
1	2	7	9	3	8	4	6	5

043

7	8	4	3	5	6	1	9	2
6	1	5	2	8	9	7	3	4
9	2	3	7	4	1	6	5	8
1	3	7	8	2	5	4	6	9
8	4	6	9	3	7	2	1	5
5	9	2	6	1	4	8	7	3
3	6	1	4	9	8	5	2	7
2	5	8	1	7	3	9	4	6
4	7	9	5	6	2	3	8	1

044

1	7	2	6	4	8	9	5	3
4	9	8	5	7	3	6	2	1
5	3	6	1	2	9	7	8	4
9	2	1	3	5	6	8	4	7
8	6	3	4	1	7	5	9	2
7	5	4	8	9	2	3	1	6
3	1	9	2	6	5	4	7	8
6	4	5	7	8	1	2	3	9
2	8	7	9	3	4	1	6	5

045

9	1	7	4	2	6	3	5	8
2	6	8	3	5	9	7	4	1
5	4	3	8	7	1	9	2	6
4	9	2	7	8	3	6	1	5
7	3	5	1	6	4	8	9	2
1	8	6	2	9	5	4	3	7
3	5	4	6	1	8	2	7	9
8	7	9	5	4	2	1	6	3
6	2	1	9	3	7	5	8	4

046

1	9	8	6	2	5	4	3	7
7	3	2	4	1	8	9	6	5
4	5	6	3	7	9	2	8	1
8	4	5	9	6	3	1	7	2
2	7	9	5	8	1	6	4	3
6	1	3	2	4	7	8	5	9
9	8	7	1	3	4	5	2	6
3	6	1	8	5	2	7	9	4
5	2	4	7	9	6	3	1	8

047

4	2	3	5	1	7	9	6	8
9	5	7	2	6	8	4	3	1
6	1	8	3	9	4	2	5	7
2	8	4	9	7	6	3	1	5
3	7	6	1	4	5	8	2	9
5	9	1	8	2	3	6	7	4
1	3	5	6	8	9	7	4	2
8	4	2	7	3	1	5	9	6
7	6	9	4	5	2	1	8	3

048

8	1	7	5	9	4	3	6	2
4	2	3	7	1	6	8	9	5
5	6	9	2	8	3	1	4	7
3	7	4	1	6	5	2	8	9
2	5	1	9	4	8	7	3	6
6	9	8	3	2	7	5	1	4
7	4	6	8	5	1	9	2	3
9	8	5	6	3	2	4	7	1
1	3	2	4	7	9	6	5	8

049

3	8	9	5	2	6	7	4	1
6	1	5	7	9	4	3	8	2
7	2	4	8	1	3	6	9	5
8	9	6	1	3	7	5	2	4
2	4	7	6	5	9	1	3	8
1	5	3	4	8	2	9	6	7
9	6	8	2	7	5	4	1	3
5	3	2	9	4	1	8	7	6
4	7	1	3	6	8	2	5	9

050

6	5	2	4	7	3	8	9	1
9	4	3	8	5	1	7	2	6
1	7	8	9	2	6	3	4	5
2	3	1	6	8	5	4	7	9
4	6	7	2	1	9	5	3	8
8	9	5	7	3	4	1	6	2
7	2	4	5	6	8	9	1	3
5	1	9	3	4	2	6	8	7
3	8	6	1	9	7	2	5	4

051

5	7	9	4	3	8	1	6	2
1	3	8	2	9	6	4	7	5
2	6	4	7	5	1	3	9	8
6	9	2	5	8	4	7	1	3
4	8	7	1	6	3	2	5	9
3	5	1	9	7	2	6	8	4
7	4	3	8	1	9	5	2	6
9	2	5	6	4	7	8	3	1
8	1	6	3	2	5	9	4	7

052

7	8	5	9	1	4	2	6	3
6	9	1	3	5	2	7	8	4
2	3	4	8	7	6	9	5	1
1	7	3	2	9	5	8	4	6
5	6	8	4	3	7	1	9	2
9	4	2	6	8	1	5	3	7
3	5	6	7	2	9	4	1	8
8	2	9	1	4	3	6	7	5
4	1	7	5	6	8	3	2	9

053

9	6	2	3	4	1	5	8	7
3	5	7	2	6	8	1	4	9
4	8	1	5	9	7	6	2	3
7	9	3	1	5	4	8	6	2
2	4	5	6	8	3	7	9	1
8	1	6	7	2	9	4	3	5
6	2	8	9	1	5	3	7	4
1	7	4	8	3	2	9	5	6
5	3	9	4	7	6	2	1	8

054

7	6	9	8	4	1	3	2	5
3	8	2	7	5	6	1	4	9
5	1	4	3	2	9	6	8	7
6	9	5	1	8	4	7	3	2
8	4	3	9	7	2	5	6	1
1	2	7	6	3	5	8	9	4
4	7	6	5	9	3	2	1	8
9	5	1	2	6	8	4	7	3
2	3	8	4	1	7	9	5	6

055

6	2	5	4	3	1	7	8	9
8	9	1	6	2	7	5	3	4
7	3	4	8	9	5	2	1	6
2	5	3	9	4	8	6	7	1
4	1	6	2	7	3	8	9	5
9	7	8	5	1	6	3	4	2
1	8	2	3	5	9	4	6	7
3	4	7	1	6	2	9	5	8
5	6	9	7	8	4	1	2	3

056

2	4	3	1	5	8	7	9	6
9	1	5	7	6	2	4	8	3
7	8	6	3	4	9	5	1	2
3	6	9	2	7	1	8	5	4
1	7	4	6	8	5	3	2	9
5	2	8	9	3	4	6	7	1
8	5	2	4	9	6	1	3	7
4	9	7	8	1	3	2	6	5
6	3	1	5	2	7	9	4	8

057

4	2	5	8	9	1	6	7	3
1	9	6	3	2	7	4	5	8
3	8	7	4	6	5	2	1	9
2	3	4	9	7	6	1	8	5
5	1	9	2	8	3	7	6	4
6	7	8	5	1	4	3	9	2
7	4	3	1	5	8	9	2	6
8	6	2	7	4	9	5	3	1
9	5	1	6	3	2	8	4	7

058

8	7	3	2	4	1	5	6	9
1	4	6	9	5	7	3	2	8
5	9	2	3	8	6	7	1	4
2	8	9	7	6	3	1	4	5
4	1	7	5	2	8	6	9	3
3	6	5	4	1	9	2	8	7
7	2	1	8	9	5	4	3	6
6	5	8	1	3	4	9	7	2
9	3	4	6	7	2	8	5	1

059

7	4	3	6	5	9	1	8	2
1	6	8	4	7	2	5	3	9
9	5	2	1	3	8	7	6	4
2	8	6	5	9	3	4	7	1
5	1	4	2	6	7	8	9	3
3	7	9	8	1	4	2	5	6
4	2	7	3	8	6	9	1	5
8	3	1	9	4	5	6	2	7
6	9	5	7	2	1	3	4	8

060

1	4	6	2	5	9	8	3	7
8	3	2	1	4	7	9	5	6
9	5	7	8	6	3	1	4	2
2	8	9	5	1	6	4	7	3
6	1	3	7	9	4	2	8	5
4	7	5	3	8	2	6	9	1
3	6	8	9	7	1	5	2	4
5	2	1	4	3	8	7	6	9
7	9	4	6	2	5	3	1	8

061

6	5	4	9	1	2	3	7	8
7	1	9	8	3	6	2	5	4
2	8	3	5	7	4	6	1	9
9	2	7	6	4	3	5	8	1
4	6	8	1	5	9	7	2	3
5	3	1	7	2	8	9	4	6
1	9	2	3	8	5	4	6	7
8	4	6	2	9	7	1	3	5
3	7	5	4	6	1	8	9	2

062

3	4	6	1	5	8	7	2	9
7	8	2	4	6	9	3	1	5
5	1	9	7	2	3	6	8	4
2	3	1	6	4	5	8	9	7
9	7	8	2	3	1	5	4	6
6	5	4	9	8	7	1	3	2
8	6	3	5	9	2	4	7	1
4	2	7	8	1	6	9	5	3
1	9	5	3	7	4	2	6	8

063

9	6	2	7	5	4	8	3	1
1	8	3	6	2	9	7	4	5
7	5	4	3	8	1	9	6	2
3	4	5	9	6	2	1	8	7
6	2	7	5	1	8	4	9	3
8	1	9	4	3	7	2	5	6
5	7	8	1	9	3	6	2	4
4	9	6	2	7	5	3	1	8
2	3	1	8	4	6	5	7	9

064

6	9	1	5	8	4	2	7	3
5	8	7	9	3	2	6	1	4
2	3	4	6	7	1	8	9	5
1	6	2	8	5	7	4	3	9
9	4	5	2	1	3	7	6	8
8	7	3	4	9	6	5	2	1
3	1	6	7	4	5	9	8	2
7	5	8	3	2	9	1	4	6
4	2	9	1	6	8	3	5	7

065

1	2	8	3	6	9	7	5	4
7	4	5	2	1	8	9	3	6
6	9	3	4	5	7	2	8	1
4	8	9	6	7	1	3	2	5
3	5	1	9	2	4	8	6	7
2	7	6	8	3	5	1	4	9
5	3	4	1	9	2	6	7	8
9	6	7	5	8	3	4	1	2
8	1	2	7	4	6	5	9	3

066

3	5	4	1	9	2	7	6	8
8	7	1	6	5	3	4	9	2
6	9	2	7	8	4	3	1	5
9	1	6	3	7	8	5	2	4
5	8	7	2	4	6	9	3	1
2	4	3	5	1	9	8	7	6
1	2	8	4	3	7	6	5	9
4	3	5	9	6	1	2	8	7
7	6	9	8	2	5	1	4	3

067

9	1	4	2	6	5	8	3	7
3	6	7	4	8	9	2	5	1
5	2	8	7	1	3	6	4	9
4	3	6	5	9	2	7	1	8
8	7	2	3	4	1	9	6	5
1	9	5	6	7	8	4	2	3
6	5	3	9	2	7	1	8	4
7	4	1	8	3	6	5	9	2
2	8	9	1	5	4	3	7	6

068

6	5	1	3	2	8	9	7	4
8	3	4	7	9	1	5	2	6
7	9	2	6	5	4	1	8	3
9	7	6	8	1	2	3	4	5
2	4	5	9	7	3	8	6	1
3	1	8	5	4	6	7	9	2
1	2	3	4	8	9	6	5	7
5	6	9	2	3	7	4	1	8
4	8	7	1	6	5	2	3	9

069

1	4	3	5	7	6	8	9	2
8	5	6	3	9	2	7	1	4
9	2	7	4	1	8	5	3	6
3	1	9	8	4	7	2	6	5
5	8	4	2	6	9	3	7	1
7	6	2	1	5	3	4	8	9
4	9	5	7	8	1	6	2	3
6	3	8	9	2	5	1	4	7
2	7	1	6	3	4	9	5	8

070

6	5	4	1	2	9	3	7	8
1	7	8	5	3	4	9	2	6
9	3	2	7	6	8	5	1	4
7	9	5	3	8	1	6	4	2
4	8	6	9	7	2	1	5	3
3	2	1	4	5	6	7	8	9
2	4	7	6	1	3	8	9	5
5	6	9	8	4	7	2	3	1
8	1	3	2	9	5	4	6	7

071

1	6	2	4	3	9	5	7	8
4	9	3	8	7	5	2	6	1
8	7	5	2	1	6	4	9	3
3	8	9	6	4	2	1	5	7
2	4	1	7	5	8	6	3	9
6	5	7	3	9	1	8	4	2
5	2	6	9	8	3	7	1	4
9	1	4	5	2	7	3	8	6
7	3	8	1	6	4	9	2	5

072

9	5	4	8	6	2	3	1	7
7	1	6	5	3	4	9	8	2
3	8	2	7	1	9	6	4	5
1	9	7	4	2	8	5	6	3
5	4	3	1	7	6	2	9	8
2	6	8	3	9	5	4	7	1
6	7	5	2	4	1	8	3	9
4	2	1	9	8	3	7	5	6
8	3	9	6	5	7	1	2	4

073

3	6	7	2	4	1	8	9	5
9	5	8	3	6	7	2	4	1
4	2	1	5	9	8	6	7	3
6	1	5	8	7	9	3	2	4
7	8	9	4	3	2	1	5	6
2	3	4	6	1	5	9	8	7
1	9	6	7	8	4	5	3	2
5	4	3	9	2	6	7	1	8
8	7	2	1	5	3	4	6	9

074

5	8	4	1	6	7	2	3	9
1	6	2	8	3	9	4	7	5
9	7	3	5	4	2	1	8	6
6	3	9	2	1	8	7	5	4
8	4	1	7	5	3	6	9	2
7	2	5	6	9	4	3	1	8
2	9	7	3	8	6	5	4	1
4	5	6	9	7	1	8	2	3
3	1	8	4	2	5	9	6	7

075

4	6	2	3	9	5	1	7	8
3	8	7	1	6	2	9	4	5
9	5	1	8	7	4	3	2	6
6	2	4	9	5	8	7	3	1
8	7	9	6	3	1	4	5	2
1	3	5	4	2	7	6	8	9
7	9	6	2	8	3	5	1	4
2	1	3	5	4	6	8	9	7
5	4	8	7	1	9	2	6	3

076

5	1	2	3	7	8	6	9	4
4	6	7	5	2	9	1	3	8
3	9	8	1	6	4	5	2	7
8	2	1	9	5	6	4	7	3
7	5	9	4	8	3	2	1	6
6	3	4	7	1	2	9	8	5
1	7	3	2	4	5	8	6	9
2	4	6	8	9	7	3	5	1
9	8	5	6	3	1	7	4	2

077

3	6	7	2	8	4	5	9	1
9	2	5	6	1	7	3	4	8
4	8	1	9	5	3	7	2	6
2	4	9	7	6	1	8	3	5
5	1	6	3	9	8	4	7	2
8	7	3	4	2	5	1	6	9
7	5	2	1	4	9	6	8	3
6	3	8	5	7	2	9	1	4
1	9	4	8	3	6	2	5	7

078

7	9	6	3	5	4	2	1	8
5	4	2	1	8	6	7	9	3
8	3	1	2	9	7	6	4	5
3	8	7	5	4	9	1	2	6
4	1	5	8	6	2	3	7	9
2	6	9	7	1	3	5	8	4
6	2	8	9	3	1	4	5	7
1	5	4	6	7	8	9	3	2
9	7	3	4	2	5	8	6	1

079

4	2	3	1	7	8	5	6	9
5	7	9	6	2	3	1	4	8
8	1	6	5	9	4	3	7	2
1	4	2	3	8	6	7	9	5
9	6	7	2	5	1	4	8	3
3	8	5	7	4	9	6	2	1
6	5	8	9	1	7	2	3	4
7	9	1	4	3	2	8	5	6
2	3	4	8	6	5	9	1	7

080

3	1	9	4	6	7	5	8	2
6	8	7	2	5	3	1	9	4
2	4	5	8	1	9	6	7	3
5	6	4	1	7	8	2	3	9
7	9	1	3	4	2	8	5	6
8	2	3	6	9	5	4	1	7
4	5	2	9	3	1	7	6	8
9	7	6	5	8	4	3	2	1
1	3	8	7	2	6	9	4	5

081

2	6	9	8	5	1	7	4	3
1	4	7	6	3	9	8	5	2
8	5	3	7	4	2	6	1	9
9	2	6	4	8	5	1	3	7
7	8	5	3	1	6	9	2	4
4	3	1	2	9	7	5	8	6
3	7	4	5	6	8	2	9	1
5	1	2	9	7	4	3	6	8
6	9	8	1	2	3	4	7	5

082

7	9	1	3	6	8	2	5	4
8	6	5	7	4	2	9	1	3
2	4	3	5	9	1	6	8	7
3	7	4	6	2	5	8	9	1
6	2	9	1	8	7	3	4	5
1	5	8	9	3	4	7	2	6
9	1	2	4	7	6	5	3	8
4	3	7	8	5	9	1	6	2
5	8	6	2	1	3	4	7	9

083

2	7	1	5	9	4	6	8	3
3	5	9	2	6	8	4	1	7
4	6	8	3	7	1	5	9	2
1	2	7	6	4	5	9	3	8
6	9	5	7	8	3	2	4	1
8	4	3	1	2	9	7	6	5
9	3	6	8	5	7	1	2	4
7	1	2	4	3	6	8	5	9
5	8	4	9	1	2	3	7	6

084

8	3	7	2	5	1	4	6	9
9	1	6	7	4	3	5	8	2
4	5	2	8	9	6	3	7	1
2	9	5	3	1	8	7	4	6
3	7	8	6	2	4	1	9	5
6	4	1	9	7	5	2	3	8
7	2	4	1	6	9	8	5	3
1	8	9	5	3	7	6	2	4
5	6	3	4	8	2	9	1	7

085

1	4	8	9	3	2	7	5	6
9	5	3	7	6	4	2	8	1
6	2	7	8	5	1	3	9	4
3	7	6	1	8	9	4	2	5
4	9	5	6	2	7	8	1	3
8	1	2	3	4	5	9	6	7
7	6	1	2	9	3	5	4	8
2	8	4	5	7	6	1	3	9
5	3	9	4	1	8	6	7	2

086

4	7	3	5	1	9	2	8	6
8	5	1	7	6	2	9	3	4
9	2	6	4	3	8	5	7	1
7	9	4	2	5	6	8	1	3
6	1	2	3	8	7	4	9	5
5	3	8	9	4	1	6	2	7
1	6	5	8	2	3	7	4	9
3	8	9	6	7	4	1	5	2
2	4	7	1	9	5	3	6	8

087

8	6	7	2	1	4	3	5	9
9	5	4	7	3	8	2	1	6
3	1	2	6	5	9	7	8	4
6	3	5	4	9	2	8	7	1
4	2	8	1	6	7	5	9	3
1	7	9	3	8	5	6	4	2
2	4	6	8	7	1	9	3	5
7	9	3	5	4	6	1	2	8
5	8	1	9	2	3	4	6	7

088

9	5	8	2	3	7	6	4	1
3	2	4	1	5	6	7	9	8
7	1	6	4	8	9	2	5	3
4	9	5	6	7	1	8	3	2
8	6	7	3	2	5	9	1	4
2	3	1	8	9	4	5	6	7
6	7	2	9	4	3	1	8	5
1	8	3	5	6	2	4	7	9
5	4	9	7	1	8	3	2	6

089

2	7	8	9	4	3	5	1	6
5	1	3	6	2	8	4	9	7
9	4	6	5	1	7	3	8	2
8	5	1	2	7	4	9	6	3
4	2	9	3	8	6	7	5	1
6	3	7	1	9	5	8	2	4
7	6	4	8	5	1	2	3	9
1	9	5	7	3	2	6	4	8
3	8	2	4	6	9	1	7	5

090

7	9	6	3	4	1	2	8	5
1	5	8	2	9	6	3	4	7
3	2	4	8	5	7	9	1	6
5	8	1	4	7	3	6	2	9
6	7	9	5	1	2	8	3	4
2	4	3	9	6	8	7	5	1
4	3	5	6	8	9	1	7	2
9	1	2	7	3	4	5	6	8
8	6	7	1	2	5	4	9	3

091

3	6	4	5	7	8	1	2	9
7	8	2	1	9	6	3	4	5
1	5	9	4	2	3	7	8	6
5	2	7	3	8	9	6	1	4
9	1	6	2	4	7	8	5	3
8	4	3	6	1	5	2	9	7
2	7	8	9	6	4	5	3	1
6	9	5	8	3	1	4	7	2
4	3	1	7	5	2	9	6	8

092

7	8	3	6	9	4	2	1	5
9	5	2	7	1	8	6	3	4
6	1	4	3	2	5	7	8	9
4	2	8	9	5	3	1	7	6
1	6	5	2	8	7	4	9	3
3	7	9	4	6	1	8	5	2
8	3	1	5	4	2	9	6	7
5	4	6	1	7	9	3	2	8
2	9	7	8	3	6	5	4	1

093

9	5	8	2	6	7	4	3	1
4	2	3	1	8	9	6	7	5
6	7	1	5	3	4	9	2	8
7	8	6	4	2	5	3	1	9
3	9	4	6	1	8	7	5	2
5	1	2	7	9	3	8	6	4
2	3	7	8	4	1	5	9	6
1	4	9	3	5	6	2	8	7
8	6	5	9	7	2	1	4	3

094

4	9	1	7	2	3	8	6	5
6	7	5	9	8	4	3	1	2
3	2	8	1	6	5	7	9	4
9	6	4	3	7	1	5	2	8
5	1	2	8	4	9	6	3	7
8	3	7	2	5	6	9	4	1
2	8	6	4	9	7	1	5	3
1	4	9	5	3	8	2	7	6
7	5	3	6	1	2	4	8	9

095

6	5	4	8	3	7	1	9	2
9	8	7	5	1	2	4	6	3
2	1	3	9	6	4	5	7	8
3	6	2	4	9	1	8	5	7
5	7	1	6	2	8	3	4	9
4	9	8	3	7	5	6	2	1
8	2	6	7	5	3	9	1	4
7	3	9	1	4	6	2	8	5
1	4	5	2	8	9	7	3	6

096

4	8	3	5	9	2	6	7	1
7	2	5	8	1	6	3	4	9
1	6	9	3	4	7	8	2	5
8	1	4	2	6	9	5	3	7
3	5	7	1	8	4	9	6	2
6	9	2	7	3	5	1	8	4
5	7	1	6	2	8	4	9	3
9	3	6	4	7	1	2	5	8
2	4	8	9	5	3	7	1	6

097

2	5	9	6	7	1	8	3	4
7	4	6	8	3	9	5	1	2
8	1	3	5	2	4	9	7	6
5	6	8	1	9	7	2	4	3
1	3	7	4	5	2	6	8	9
9	2	4	3	6	8	1	5	7
4	9	2	7	1	5	3	6	8
6	7	1	2	8	3	4	9	5
3	8	5	9	4	6	7	2	1

098

7	6	4	9	1	2	5	3	8
5	9	8	4	3	7	1	6	2
1	3	2	5	8	6	4	7	9
9	1	5	2	4	3	6	8	7
4	2	7	8	6	5	9	1	3
6	8	3	7	9	1	2	5	4
2	5	6	3	7	4	8	9	1
8	7	1	6	2	9	3	4	5
3	4	9	1	5	8	7	2	6

099

7	3	2	9	1	4	5	8	6
4	1	8	6	7	5	3	9	2
9	5	6	8	2	3	7	4	1
3	2	9	5	4	8	6	1	7
1	8	7	2	9	6	4	3	5
5	6	4	7	3	1	9	2	8
6	9	3	1	5	2	8	7	4
8	7	1	4	6	9	2	5	3
2	4	5	3	8	7	1	6	9

100

6	3	5	7	8	2	1	4	9
2	1	8	9	5	4	7	3	6
7	9	4	1	3	6	2	5	8
3	5	7	2	4	8	6	9	1
8	4	1	6	9	5	3	7	2
9	6	2	3	1	7	5	8	4
1	7	9	8	2	3	4	6	5
4	2	3	5	6	9	8	1	7
5	8	6	4	7	1	9	2	3

101

6	2	5	4	3	1	7	8	9
8	9	1	6	2	7	5	3	4
7	3	4	8	9	5	2	1	6
1	8	2	3	5	9	4	6	7
3	4	7	1	6	2	9	5	8
5	6	9	7	8	4	1	2	3
2	5	3	9	4	8	6	7	1
9	7	8	5	1	6	3	4	2
4	1	6	2	7	3	8	9	5

102

2	6	5	4	7	3	1	8	9
4	3	1	8	6	9	7	5	2
9	7	8	2	5	1	3	4	6
6	8	4	3	9	2	5	1	7
1	5	9	6	8	7	4	2	3
3	2	7	5	1	4	6	9	8
5	9	2	1	3	6	8	7	4
8	4	6	7	2	5	9	3	1
7	1	3	9	4	8	2	6	5

103

5	3	6	8	4	2	9	7	1
4	8	9	5	7	1	6	3	2
1	7	2	9	3	6	8	4	5
2	1	8	6	9	7	3	5	4
7	5	3	4	1	8	2	9	6
9	6	4	2	5	3	1	8	7
6	2	5	3	8	4	7	1	9
8	9	1	7	6	5	4	2	3
3	4	7	1	2	9	5	6	8

104

8	4	5	7	6	2	1	3	9
2	9	1	8	4	3	6	7	5
7	3	6	9	1	5	2	4	8
3	7	8	5	2	9	4	1	6
9	5	4	6	7	1	3	8	2
6	1	2	4	3	8	9	5	7
1	2	9	3	8	7	5	6	4
4	8	3	2	5	6	7	9	1
5	6	7	1	9	4	8	2	3

105

1	4	5	2	8	3	9	6	7
2	6	9	5	4	7	3	1	8
3	7	8	6	1	9	5	4	2
6	5	1	4	9	2	8	7	3
7	8	2	3	5	6	4	9	1
9	3	4	8	7	1	6	2	5
4	9	3	7	2	8	1	5	6
8	1	7	9	6	5	2	3	4
5	2	6	1	3	4	7	8	9

106

7	5	3	6	8	1	4	2	9
2	6	9	7	3	4	1	8	5
8	1	4	2	5	9	7	6	3
5	3	7	4	9	2	6	1	8
6	9	2	8	1	5	3	7	4
1	4	8	3	6	7	9	5	2
4	8	1	5	7	3	2	9	6
3	7	5	9	2	6	8	4	1
9	2	6	1	4	8	5	3	7

107

4	3	7	5	8	9	1	6	2
1	5	2	6	3	7	8	4	9
9	6	8	4	2	1	7	3	5
3	7	1	9	6	4	2	5	8
2	4	9	8	7	5	6	1	3
5	8	6	3	1	2	9	7	4
7	1	5	2	9	3	4	8	6
6	2	3	7	4	8	5	9	1
8	9	4	1	5	6	3	2	7

108

5	1	3	7	6	8	2	9	4
4	8	9	2	1	3	5	7	6
7	2	6	4	5	9	3	1	8
6	3	8	9	2	4	1	5	7
1	5	7	8	3	6	4	2	9
9	4	2	1	7	5	6	8	3
8	6	1	3	9	2	7	4	5
3	7	4	5	8	1	9	6	2
2	9	5	6	4	7	8	3	1

109

8	3	6	2	7	1	4	9	5
1	4	7	9	3	5	8	2	6
2	9	5	6	8	4	7	3	1
7	8	9	5	2	6	1	4	3
5	1	3	4	9	8	6	7	2
4	6	2	3	1	7	5	8	9
9	7	1	8	5	2	3	6	4
3	5	4	7	6	9	2	1	8
6	2	8	1	4	3	9	5	7

110

3	5	8	1	9	2	6	4	7
6	9	7	8	5	4	3	2	1
4	1	2	7	3	6	8	9	5
7	3	1	5	6	9	4	8	2
5	4	6	2	1	8	9	7	3
2	8	9	3	4	7	1	5	6
1	2	4	9	7	3	5	6	8
8	6	5	4	2	1	7	3	9
9	7	3	6	8	5	2	1	4

111

4	3	8	1	9	7	6	5	2
2	6	9	5	3	8	1	4	7
1	5	7	2	4	6	3	8	9
9	2	3	6	7	4	8	1	5
6	1	4	8	2	5	7	9	3
7	8	5	9	1	3	2	6	4
8	4	2	3	6	9	5	7	1
3	9	6	7	5	1	4	2	8
5	7	1	4	8	2	9	3	6

112

9	7	8	1	5	2	4	6	3
6	3	4	9	7	8	5	2	1
1	5	2	6	3	4	9	7	8
2	4	5	3	8	9	6	1	7
3	9	6	7	4	1	2	8	5
7	8	1	2	6	5	3	4	9
5	2	3	4	1	7	8	9	6
8	1	9	5	2	6	7	3	4
4	6	7	8	9	3	1	5	2

113

2	6	9	1	8	7	5	3	4
1	8	5	4	3	9	7	6	2
7	3	4	5	6	2	1	9	8
4	7	3	8	9	1	2	5	6
8	5	1	7	2	6	3	4	9
9	2	6	3	4	5	8	1	7
3	9	7	2	5	4	6	8	1
5	4	2	6	1	8	9	7	3
6	1	8	9	7	3	4	2	5

114

4	6	5	2	9	1	7	3	8
2	3	1	8	4	7	5	6	9
7	8	9	5	3	6	4	1	2
9	2	8	6	1	5	3	4	7
1	7	6	4	8	3	2	9	5
3	5	4	9	7	2	1	8	6
6	1	3	7	5	8	9	2	4
8	9	7	1	2	4	6	5	3
5	4	2	3	6	9	8	7	1

115

5	4	1	9	6	2	3	8	7
8	2	9	1	3	7	5	6	4
6	3	7	5	8	4	9	1	2
1	5	8	4	7	3	2	9	6
2	7	3	6	5	9	1	4	8
9	6	4	8	2	1	7	3	5
7	9	2	3	4	8	6	5	1
3	8	5	7	1	6	4	2	9
4	1	6	2	9	5	8	7	3

116

1	9	4	3	7	6	8	5	2
8	6	2	9	5	1	3	7	4
5	3	7	4	2	8	6	1	9
4	8	3	6	1	7	2	9	5
7	1	6	2	9	5	4	3	8
2	5	9	8	4	3	7	6	1
6	2	8	5	3	9	1	4	7
3	7	5	1	8	4	9	2	6
9	4	1	7	6	2	5	8	3

117

6	9	1	4	3	7	2	5	8
2	4	3	8	6	5	9	7	1
5	8	7	2	9	1	3	4	6
1	2	8	5	7	9	4	6	3
3	5	9	6	2	4	1	8	7
7	6	4	1	8	3	5	9	2
9	1	2	7	5	8	6	3	4
4	7	5	3	1	6	8	2	9
8	3	6	9	4	2	7	1	5

118

5	8	2	1	9	6	3	7	4
4	9	3	5	7	8	1	2	6
7	6	1	2	3	4	8	9	5
1	2	7	6	8	9	4	5	3
9	3	5	7	4	1	6	8	2
6	4	8	3	5	2	7	1	9
2	5	4	8	1	3	9	6	7
3	1	6	9	2	7	5	4	8
8	7	9	4	6	5	2	3	1

119

6	7	2	5	3	1	9	8	4
8	3	1	6	4	9	2	5	7
5	4	9	8	2	7	6	1	3
1	5	7	4	9	6	8	3	2
2	8	4	7	5	3	1	9	6
3	9	6	2	1	8	7	4	5
9	2	8	3	7	4	5	6	1
4	1	5	9	6	2	3	7	8
7	6	3	1	8	5	4	2	9

120

2	8	3	6	1	9	5	4	7
6	5	4	2	8	7	3	1	9
7	9	1	5	4	3	6	2	8
5	7	9	3	6	2	1	8	4
3	4	6	1	9	8	7	5	2
1	2	8	7	5	4	9	3	6
8	1	5	4	7	6	2	9	3
9	6	2	8	3	1	4	7	5
4	3	7	9	2	5	8	6	1

121

8	6	1	2	5	9	3	7	4
7	9	3	6	8	4	1	2	5
2	5	4	3	1	7	8	6	9
9	7	8	4	3	1	6	5	2
6	1	2	5	9	8	7	4	3
4	3	5	7	6	2	9	1	8
1	4	9	8	2	6	5	3	7
3	2	6	9	7	5	4	8	1
5	8	7	1	4	3	2	9	6

122

8	9	1	5	2	6	4	7	3
3	4	5	7	8	1	9	2	6
7	2	6	3	4	9	8	5	1
4	7	9	1	3	2	6	8	5
5	3	8	6	7	4	2	1	9
1	6	2	9	5	8	7	3	4
9	1	3	2	6	7	5	4	8
2	5	4	8	9	3	1	6	7
6	8	7	4	1	5	3	9	2

123

1	7	6	9	5	4	8	2	3
3	4	2	8	6	1	5	7	9
5	8	9	3	2	7	4	6	1
8	1	7	4	9	3	6	5	2
6	9	5	7	1	2	3	4	8
2	3	4	6	8	5	9	1	7
7	2	8	5	3	6	1	9	4
9	5	1	2	4	8	7	3	6
4	6	3	1	7	9	2	8	5

124

5	1	2	4	8	3	6	9	7
3	8	9	1	6	7	4	5	2
7	6	4	5	9	2	8	1	3
1	3	5	8	7	6	2	4	9
6	2	8	9	3	4	1	7	5
4	9	7	2	5	1	3	6	8
8	4	6	7	2	9	5	3	1
9	5	3	6	1	8	7	2	4
2	7	1	3	4	5	9	8	6

125

7	3	5	8	2	6	9	1	4
8	6	9	7	4	1	2	5	3
1	4	2	5	3	9	8	6	7
3	9	8	4	1	5	6	7	2
2	7	4	9	6	3	5	8	1
6	5	1	2	8	7	3	4	9
9	8	6	3	7	4	1	2	5
4	2	3	1	5	8	7	9	6
5	1	7	6	9	2	4	3	8

126

7	3	9	1	5	4	2	8	6
6	1	5	2	3	8	7	9	4
2	8	4	7	9	6	1	3	5
1	9	7	6	8	3	4	5	2
5	6	3	4	2	7	8	1	9
8	4	2	9	1	5	3	6	7
3	7	8	5	4	9	6	2	1
4	5	1	3	6	2	9	7	8
9	2	6	8	7	1	5	4	3

127

2	4	8	3	7	9	6	5	1
6	1	3	2	8	5	4	9	7
7	9	5	4	1	6	3	8	2
1	6	9	5	2	3	7	4	8
3	7	4	1	6	8	9	2	5
5	8	2	7	9	4	1	6	3
4	3	7	6	5	2	8	1	9
8	5	1	9	4	7	2	3	6
9	2	6	8	3	1	5	7	4

128

5	6	3	4	2	7	8	1	9
1	9	7	6	8	3	4	5	2
8	4	2	9	1	5	3	6	7
3	7	8	5	4	9	6	2	1
9	2	6	8	7	1	5	4	3
4	5	1	3	6	2	9	7	8
2	8	4	7	9	6	1	3	5
6	1	5	2	3	8	7	9	4
7	3	9	1	5	4	2	8	6

129

4	3	7	6	2	5	9	1	8
8	5	1	3	9	4	2	7	6
9	2	6	1	8	7	4	5	3
6	8	5	2	1	3	7	4	9
7	4	3	8	5	9	6	2	1
2	1	9	4	7	6	3	8	5
5	7	8	9	6	2	1	3	4
1	6	4	7	3	8	5	9	2
3	9	2	5	4	1	8	6	7

130

3	5	7	6	2	1	9	8	4
9	4	2	7	5	8	6	1	3
8	6	1	9	3	4	7	2	5
7	8	9	3	1	2	4	5	6
2	1	4	5	6	7	8	3	9
6	3	5	4	8	9	1	7	2
1	7	3	2	4	6	5	9	8
5	9	6	8	7	3	2	4	1
4	2	8	1	9	5	3	6	7

131

4	2	3	5	9	1	6	7	8
9	1	7	3	8	6	2	4	5
5	6	8	2	4	7	1	9	3
2	8	4	7	5	3	9	6	1
3	5	6	9	1	2	7	8	4
7	9	1	4	6	8	3	5	2
8	3	9	1	7	4	5	2	6
6	7	2	8	3	5	4	1	9
1	4	5	6	2	9	8	3	7

132

1	7	9	5	3	4	8	6	2
6	4	2	1	8	9	7	3	5
3	8	5	2	6	7	4	1	9
9	3	7	6	1	8	5	2	4
5	2	1	7	4	3	9	8	6
4	6	8	9	2	5	1	7	3
2	5	6	8	9	1	3	4	7
8	9	3	4	7	2	6	5	1
7	1	4	3	5	6	2	9	8

133

3	6	4	7	8	2	9	1	5
7	1	2	9	4	5	8	6	3
9	8	5	6	3	1	2	4	7
5	9	7	8	1	4	6	3	2
8	2	6	5	9	3	4	7	1
1	4	3	2	6	7	5	8	9
4	7	8	3	5	9	1	2	6
2	5	1	4	7	6	3	9	8
6	3	9	1	2	8	7	5	4

134

8	1	6	7	5	3	4	2	9
2	4	9	1	8	6	5	7	3
5	7	3	4	2	9	1	8	6
1	5	7	9	3	4	2	6	8
9	3	4	2	6	8	7	5	1
6	8	2	5	7	1	9	3	4
3	9	5	6	1	7	8	4	2
4	2	8	3	9	5	6	1	7
7	6	1	8	4	2	3	9	5

135

5	3	6	8	9	2	1	4	7
9	7	4	1	6	5	8	3	2
8	2	1	7	3	4	6	5	9
1	6	7	5	2	3	9	8	4
2	8	5	9	4	7	3	1	6
4	9	3	6	8	1	7	2	5
7	5	9	2	1	8	4	6	3
6	4	8	3	5	9	2	7	1
3	1	2	4	7	6	5	9	8

136

3	1	5	2	9	6	8	7	4
7	8	9	5	4	3	1	6	2
2	4	6	7	1	8	5	9	3
6	7	4	9	3	5	2	1	8
1	9	8	4	2	7	6	3	5
5	2	3	8	6	1	7	4	9
8	6	2	3	7	9	4	5	1
9	5	7	1	8	4	3	2	6
4	3	1	6	5	2	9	8	7

137

8	9	4	6	7	2	5	1	3
6	5	3	4	1	9	8	7	2
2	7	1	8	3	5	6	4	9
4	6	5	2	8	3	7	9	1
1	2	9	7	4	6	3	8	5
3	8	7	5	9	1	2	6	4
7	1	2	9	5	8	4	3	6
5	3	8	1	6	4	9	2	7
9	4	6	3	2	7	1	5	8

138

8	9	2	3	4	1	6	5	7
7	3	1	2	5	6	9	8	4
4	6	5	9	8	7	3	2	1
1	7	6	4	9	5	2	3	8
2	4	9	8	7	3	5	1	6
3	5	8	1	6	2	7	4	9
5	1	4	6	3	9	8	7	2
6	2	3	7	1	8	4	9	5
9	8	7	5	2	4	1	6	3

139

3	6	4	1	9	2	7	8	5
5	9	2	7	6	8	4	3	1
8	7	1	5	4	3	6	2	9
7	1	3	9	5	6	8	4	2
9	8	5	3	2	4	1	6	7
4	2	6	8	7	1	5	9	3
2	4	9	6	1	7	3	5	8
6	3	7	2	8	5	9	1	4
1	5	8	4	3	9	2	7	6

140

4	1	5	8	7	3	9	2	6
3	7	8	2	9	6	5	4	1
6	9	2	1	5	4	3	7	8
8	4	1	3	2	5	7	6	9
9	5	6	7	4	1	8	3	2
2	3	7	9	6	8	4	1	5
7	6	3	5	1	9	2	8	4
5	8	4	6	3	2	1	9	7
1	2	9	4	8	7	6	5	3

141

2	9	4	1	5	7	8	6	3
3	8	1	2	6	4	9	7	5
7	6	5	8	3	9	2	1	4
9	5	7	4	2	3	1	8	6
6	3	2	7	8	1	5	4	9
4	1	8	5	9	6	7	3	2
1	2	6	9	4	8	3	5	7
8	4	9	3	7	5	6	2	1
5	7	3	6	1	2	4	9	8

142

8	2	6	5	7	1	9	4	3
5	7	3	2	4	9	1	8	6
1	4	9	8	3	6	5	2	7
3	8	5	7	1	4	2	6	9
9	6	2	3	5	8	4	7	1
4	1	7	6	9	2	8	3	5
7	3	4	1	8	5	6	9	2
2	5	8	9	6	3	7	1	4
6	9	1	4	2	7	3	5	8

143

8	3	4	6	5	7	2	1	9
5	7	2	9	1	3	6	8	4
6	1	9	8	4	2	7	3	5
2	9	5	1	7	6	8	4	3
1	6	3	4	2	8	9	5	7
7	4	8	3	9	5	1	6	2
3	5	7	2	6	1	4	9	8
9	2	1	5	8	4	3	7	6
4	8	6	7	3	9	5	2	1

144

9	6	3	2	1	7	4	8	5
8	1	5	6	3	4	2	7	9
4	2	7	5	8	9	1	6	3
5	7	9	1	4	8	6	3	2
6	8	2	9	5	3	7	1	4
1	3	4	7	2	6	5	9	8
7	4	6	3	9	2	8	5	1
2	9	1	8	7	5	3	4	6
3	5	8	4	6	1	9	2	7

145

6	1	2	9	4	7	5	3	8
8	5	4	1	3	2	9	7	6
9	3	7	5	6	8	1	4	2
4	9	5	8	2	6	7	1	3
7	6	8	4	1	3	2	9	5
3	2	1	7	9	5	8	6	4
5	8	3	6	7	9	4	2	1
1	7	6	2	8	4	3	5	9
2	4	9	3	5	1	6	8	7

146

2	9	5	1	4	7	3	6	8
7	6	1	5	3	8	9	2	4
4	3	8	6	9	2	5	7	1
8	1	4	9	2	6	7	5	3
6	7	2	3	8	5	4	1	9
3	5	9	4	7	1	2	8	6
5	8	3	2	6	9	1	4	7
1	4	7	8	5	3	6	9	2
9	2	6	7	1	4	8	3	5

147

2	8	7	9	3	1	5	4	6
6	3	5	2	4	8	1	7	9
1	4	9	5	6	7	8	2	3
5	2	4	1	8	9	3	6	7
7	1	3	6	2	4	9	5	8
9	6	8	7	5	3	2	1	4
4	5	2	3	9	6	7	8	1
3	7	6	8	1	5	4	9	2
8	9	1	4	7	2	6	3	5

148

3	5	6	8	2	7	1	9	4
9	2	8	6	4	1	7	3	5
4	1	7	5	3	9	2	6	8
2	6	4	3	7	8	5	1	9
8	3	1	4	9	5	6	7	2
7	9	5	2	1	6	4	8	3
1	4	2	7	8	3	9	5	6
5	8	9	1	6	2	3	4	7
6	7	3	9	5	4	8	2	1

149

2	8	5	9	6	7	1	3	4
3	4	7	2	1	8	9	5	6
9	6	1	3	4	5	7	2	8
5	1	2	7	8	9	4	6	3
6	3	9	4	5	2	8	1	7
4	7	8	1	3	6	2	9	5
1	2	6	8	7	3	5	4	9
7	9	3	5	2	4	6	8	1
8	5	4	6	9	1	3	7	2

150

1	7	4	2	9	3	8	5	6
9	6	8	1	5	7	3	2	4
5	3	2	6	4	8	7	1	9
7	5	6	4	2	9	1	3	8
4	9	3	8	1	5	2	6	7
8	2	1	3	7	6	4	9	5
6	1	9	7	3	4	5	8	2
3	8	7	5	6	2	9	4	1
2	4	5	9	8	1	6	7	3

151

1	4	3	6	2	7	9	8	5
9	7	2	1	5	8	4	6	3
8	5	6	9	4	3	1	7	2
2	9	8	4	3	6	5	1	7
5	6	1	7	8	2	3	9	4
4	3	7	5	1	9	8	2	6
3	1	9	2	6	4	7	5	8
7	2	4	8	9	5	6	3	1
6	8	5	3	7	1	2	4	9

152

2	6	8	7	3	4	5	1	9
3	7	9	6	1	5	8	2	4
5	4	1	8	9	2	3	7	6
9	3	7	5	8	6	1	4	2
6	8	2	9	4	1	7	5	3
1	5	4	3	2	7	6	9	8
8	1	6	4	5	9	2	3	7
4	2	3	1	7	8	9	6	5
7	9	5	2	6	3	4	8	1

153

4	2	8	5	7	1	3	6	9
1	9	5	8	3	6	7	2	4
7	6	3	2	4	9	5	8	1
5	8	1	4	2	7	9	3	6
9	3	6	1	8	5	4	7	2
2	4	7	9	6	3	1	5	8
6	1	9	3	5	8	2	4	7
3	7	4	6	9	2	8	1	5
8	5	2	7	1	4	6	9	3

154

5	4	6	3	1	2	9	8	7
7	1	2	4	8	9	3	5	6
9	3	8	7	5	6	4	1	2
3	8	7	1	2	5	6	9	4
1	6	4	9	3	7	5	2	8
2	5	9	6	4	8	1	7	3
6	9	5	2	7	3	8	4	1
4	2	3	8	9	1	7	6	5
8	7	1	5	6	4	2	3	9

155

5	1	7	8	9	6	4	3	2
4	2	9	7	3	1	6	8	5
6	8	3	5	2	4	7	1	9
3	6	8	2	7	9	5	4	1
7	4	2	3	1	5	8	9	6
9	5	1	4	6	8	3	2	7
8	7	5	1	4	2	9	6	3
2	3	6	9	8	7	1	5	4
1	9	4	6	5	3	2	7	8

156

7	3	4	5	1	8	2	6	9
1	8	6	2	9	4	5	7	3
9	5	2	3	7	6	8	1	4
8	1	5	9	4	2	7	3	6
6	7	3	8	5	1	4	9	2
4	2	9	6	3	7	1	5	8
3	6	8	7	2	5	9	4	1
5	9	1	4	8	3	6	2	7
2	4	7	1	6	9	3	8	5

157

2	8	4	9	6	3	7	5	1
5	3	7	8	4	1	2	9	6
9	1	6	5	7	2	8	3	4
6	7	8	3	5	9	1	4	2
4	5	9	1	2	6	3	7	8
1	2	3	4	8	7	9	6	5
8	6	2	7	9	4	5	1	3
7	4	1	2	3	5	6	8	9
3	9	5	6	1	8	4	2	7

158

3	6	5	8	1	2	7	9	4
2	9	4	7	6	5	1	8	3
1	8	7	9	4	3	2	5	6
5	2	3	4	9	6	8	7	1
8	1	6	2	5	7	3	4	9
4	7	9	3	8	1	6	2	5
6	3	8	5	2	4	9	1	7
9	5	1	6	7	8	4	3	2
7	4	2	1	3	9	5	6	8

159

5	3	9	8	2	7	4	6	1
8	6	1	9	5	4	2	7	3
4	7	2	6	3	1	8	5	9
3	5	8	1	9	6	7	2	4
2	4	6	3	7	5	9	1	8
9	1	7	4	8	2	5	3	6
7	8	3	2	1	9	6	4	5
6	9	5	7	4	3	1	8	2
1	2	4	5	6	8	3	9	7

160

8	2	9	5	6	1	3	7	4
5	1	4	3	7	8	9	6	2
3	6	7	4	2	9	1	8	5
9	4	5	6	1	3	8	2	7
2	7	6	9	8	4	5	3	1
1	3	8	2	5	7	6	4	9
6	9	3	7	4	5	2	1	8
7	5	1	8	3	2	4	9	6
4	8	2	1	9	6	7	5	3

161

7	3	1	4	6	9	8	5	2
6	8	2	5	1	3	4	9	7
5	4	9	2	7	8	6	3	1
3	9	6	8	4	7	1	2	5
1	2	4	6	3	5	7	8	9
8	5	7	9	2	1	3	4	6
4	6	5	1	8	2	9	7	3
2	7	8	3	9	6	5	1	4
9	1	3	7	5	4	2	6	8

162

5	8	2	6	3	4	1	7	9
4	6	9	1	8	7	3	2	5
1	3	7	5	2	9	8	4	6
6	1	4	3	7	5	2	9	8
2	5	8	4	9	6	7	3	1
9	7	3	8	1	2	6	5	4
8	9	1	7	5	3	4	6	2
3	4	5	2	6	1	9	8	7
7	2	6	9	4	8	5	1	3

163

7	4	9	8	3	2	5	1	6
8	5	1	9	4	6	3	7	2
3	6	2	5	7	1	9	4	8
6	1	7	2	9	4	8	3	5
9	3	4	6	5	8	1	2	7
2	8	5	7	1	3	6	9	4
1	7	8	4	6	9	2	5	3
5	2	3	1	8	7	4	6	9
4	9	6	3	2	5	7	8	1

164

7	9	6	5	3	8	2	1	4
2	3	5	1	4	7	8	9	6
8	1	4	2	9	6	7	5	3
4	2	3	6	5	1	9	7	8
5	8	1	9	7	4	6	3	2
6	7	9	3	8	2	5	4	1
9	5	8	4	2	3	1	6	7
1	4	2	7	6	5	3	8	9
3	6	7	8	1	9	4	2	5

165

3	9	1	5	4	2	8	7	6
7	8	4	6	3	9	2	5	1
2	5	6	7	8	1	9	4	3
1	2	7	3	9	8	5	6	4
9	6	8	1	5	4	3	2	7
5	4	3	2	6	7	1	9	8
8	1	9	4	7	5	6	3	2
4	3	2	9	1	6	7	8	5
6	7	5	8	2	3	4	1	9

166

4	1	3	8	9	2	6	7	5
6	9	8	7	5	4	3	1	2
7	2	5	1	3	6	9	4	8
3	7	2	6	4	9	5	8	1
8	5	6	3	2	1	4	9	7
1	4	9	5	7	8	2	3	6
2	6	7	9	8	3	1	5	4
9	8	4	2	1	5	7	6	3
5	3	1	4	6	7	8	2	9

167

3	6	2	8	1	7	4	9	5
8	5	1	4	2	9	7	6	3
7	4	9	3	6	5	8	2	1
1	8	4	2	7	3	6	5	9
9	3	6	5	4	1	2	8	7
2	7	5	9	8	6	1	3	4
4	9	8	1	3	2	5	7	6
6	2	3	7	5	4	9	1	8
5	1	7	6	9	8	3	4	2

168

7	3	5	8	1	2	6	9	4
1	9	8	3	6	4	7	2	5
6	2	4	5	9	7	3	1	8
9	8	6	2	4	3	1	5	7
4	1	2	7	5	6	8	3	9
3	5	7	9	8	1	2	4	6
5	6	9	1	2	8	4	7	3
2	4	3	6	7	5	9	8	1
8	7	1	4	3	9	5	6	2

169

8	9	5	1	6	7	4	2	3
3	6	4	9	8	2	5	7	1
7	2	1	5	4	3	6	8	9
4	1	3	6	2	5	7	9	8
9	7	8	4	3	1	2	5	6
6	5	2	7	9	8	1	3	4
5	3	7	8	1	4	9	6	2
1	8	6	2	5	9	3	4	7
2	4	9	3	7	6	8	1	5

170

3	5	9	7	2	6	4	1	8
7	2	6	4	8	1	9	5	3
8	4	1	3	5	9	2	7	6
6	3	7	2	9	4	1	8	5
4	8	2	5	1	7	6	3	9
1	9	5	8	6	3	7	4	2
2	7	4	6	3	8	5	9	1
5	1	8	9	4	2	3	6	7
9	6	3	1	7	5	8	2	4

171

1	3	6	8	2	5	4	9	7
4	5	2	7	9	3	1	8	6
8	7	9	4	6	1	2	3	5
7	6	8	9	3	2	5	4	1
2	4	3	5	1	8	7	6	9
5	9	1	6	4	7	3	2	8
9	1	5	2	8	4	6	7	3
6	2	7	3	5	9	8	1	4
3	8	4	1	7	6	9	5	2

172

4	5	6	7	8	9	1	3	2
3	1	8	4	2	6	5	7	9
7	2	9	3	5	1	4	8	6
1	8	7	2	3	5	6	9	4
2	9	4	1	6	7	8	5	3
6	3	5	9	4	8	2	1	7
9	7	2	5	1	4	3	6	8
5	6	3	8	9	2	7	4	1
8	4	1	6	7	3	9	2	5

173

7	6	8	5	9	2	3	1	4
2	1	3	7	4	8	9	6	5
9	4	5	1	6	3	2	7	8
5	3	6	9	1	4	8	2	7
8	2	9	3	7	5	1	4	6
4	7	1	8	2	6	5	3	9
1	5	7	4	3	9	6	8	2
3	9	2	6	8	7	4	5	1
6	8	4	2	5	1	7	9	3

174

3	8	6	2	9	4	5	1	7
5	4	2	1	6	7	3	8	9
9	1	7	8	5	3	4	6	2
7	9	3	4	8	1	2	5	6
1	5	8	6	2	9	7	3	4
6	2	4	3	7	5	8	9	1
2	3	9	5	4	6	1	7	8
8	7	5	9	1	2	6	4	3
4	6	1	7	3	8	9	2	5

175

4	2	8	6	7	1	9	3	5
1	6	5	4	3	9	2	8	7
9	7	3	5	8	2	6	1	4
3	8	2	1	6	7	5	4	9
6	9	1	8	4	5	3	7	2
5	4	7	2	9	3	1	6	8
2	5	4	7	1	6	8	9	3
8	1	9	3	2	4	7	5	6
7	3	6	9	5	8	4	2	1

176

8	9	5	1	3	4	2	6	7
2	6	3	8	5	7	4	1	9
4	1	7	9	2	6	3	8	5
6	8	2	4	1	9	7	5	3
1	7	9	5	8	3	6	2	4
5	3	4	7	6	2	1	9	8
9	2	1	3	4	5	8	7	6
3	5	6	2	7	8	9	4	1
7	4	8	6	9	1	5	3	2

177

4	3	2	9	5	1	8	6	7
5	6	1	3	7	8	2	4	9
8	7	9	2	4	6	5	3	1
1	4	6	8	2	9	3	7	5
7	9	5	6	3	4	1	2	8
3	2	8	5	1	7	6	9	4
6	1	4	7	8	3	9	5	2
9	5	7	1	6	2	4	8	3
2	8	3	4	9	5	7	1	6

178

1	6	7	8	4	2	9	5	3
4	8	2	3	9	5	1	6	7
9	3	5	6	1	7	4	2	8
3	5	4	2	8	9	7	1	6
7	9	1	4	3	6	5	8	2
6	2	8	5	7	1	3	4	9
8	1	6	9	5	3	2	7	4
2	7	9	1	6	4	8	3	5
5	4	3	7	2	8	6	9	1

179

8	4	6	2	1	3	5	7	9
7	2	3	4	5	9	1	6	8
5	9	1	7	8	6	2	3	4
3	6	8	1	7	5	4	9	2
9	7	2	8	6	4	3	1	5
4	1	5	9	3	2	6	8	7
2	8	7	3	4	1	9	5	6
6	3	9	5	2	8	7	4	1
1	5	4	6	9	7	8	2	3

180

5	3	8	1	9	4	7	2	6
2	4	7	8	3	6	5	1	9
6	9	1	7	2	5	4	3	8
3	6	5	4	7	1	8	9	2
4	8	9	3	5	2	1	6	7
7	1	2	6	8	9	3	4	5
8	7	6	9	1	3	2	5	4
1	5	4	2	6	7	9	8	3
9	2	3	5	4	8	6	7	1

181

6	7	5	3	1	4	9	2	8
4	3	1	2	9	8	5	6	7
8	9	2	6	7	5	4	1	3
5	1	9	7	8	2	6	3	4
7	6	8	1	4	3	2	9	5
3	2	4	9	5	6	8	7	1
1	8	7	4	2	9	3	5	6
9	4	6	5	3	1	7	8	2
2	5	3	8	6	7	1	4	9

182

2	7	9	5	6	4	1	3	8
4	3	5	7	8	1	6	2	9
8	1	6	2	3	9	4	7	5
1	8	3	4	7	2	5	9	6
7	6	4	9	5	8	2	1	3
5	9	2	3	1	6	8	4	7
9	2	8	6	4	7	3	5	1
3	4	1	8	9	5	7	6	2
6	5	7	1	2	3	9	8	4

183

6	3	4	9	2	5	1	8	7
2	7	5	4	8	1	3	6	9
9	1	8	3	6	7	5	4	2
8	6	3	1	9	2	4	7	5
5	4	9	7	3	8	2	1	6
1	2	7	6	5	4	9	3	8
4	8	1	5	7	9	6	2	3
7	5	6	2	4	3	8	9	1
3	9	2	8	1	6	7	5	4

184

9	4	6	3	7	5	2	8	1
5	2	1	6	8	4	9	3	7
7	3	8	2	1	9	6	5	4
2	7	3	8	4	6	1	9	5
1	6	4	9	5	7	8	2	3
8	5	9	1	2	3	7	4	6
3	1	7	4	9	2	5	6	8
4	8	2	5	6	1	3	7	9
6	9	5	7	3	8	4	1	2

185

6	7	4	5	9	3	2	8	1
9	2	3	1	7	8	4	6	5
8	1	5	4	2	6	7	9	3
1	6	8	9	5	4	3	2	7
4	9	2	3	6	7	5	1	8
5	3	7	8	1	2	9	4	6
7	4	9	6	8	5	1	3	2
2	8	1	7	3	9	6	5	4
3	5	6	2	4	1	8	7	9

186

5	8	2	6	7	4	9	1	3
7	3	4	2	9	1	5	6	8
1	6	9	5	8	3	7	2	4
2	4	8	1	3	5	6	9	7
3	9	1	7	4	6	2	8	5
6	5	7	9	2	8	3	4	1
8	2	5	3	1	9	4	7	6
4	7	6	8	5	2	1	3	9
9	1	3	4	6	7	8	5	2

187

4	1	8	6	2	9	3	7	5
3	7	5	1	8	4	9	6	2
9	6	2	7	5	3	4	1	8
6	9	1	2	4	8	5	3	7
8	3	4	5	7	1	2	9	6
2	5	7	9	3	6	8	4	1
7	4	3	8	1	5	6	2	9
5	2	9	3	6	7	1	8	4
1	8	6	4	9	2	7	5	3

188

5	6	2	4	3	7	9	8	1
3	9	4	8	2	1	7	5	6
7	1	8	5	6	9	3	4	2
2	7	6	3	5	4	1	9	8
1	5	9	7	8	2	4	6	3
4	8	3	1	9	6	2	7	5
9	4	5	2	1	8	6	3	7
6	3	1	9	7	5	8	2	4
8	2	7	6	4	3	5	1	9

189

2	1	7	8	4	5	6	3	9
4	5	6	3	9	7	8	1	2
3	9	8	1	6	2	7	4	5
7	3	5	2	8	1	9	6	4
6	2	9	5	3	4	1	8	7
8	4	1	6	7	9	2	5	3
1	6	4	7	2	3	5	9	8
5	7	3	9	1	8	4	2	6
9	8	2	4	5	6	3	7	1

190

2	3	7	1	8	9	4	6	5
6	8	9	5	4	7	1	3	2
4	5	1	3	6	2	7	8	9
9	1	3	6	2	8	5	7	4
8	7	2	4	9	5	6	1	3
5	4	6	7	1	3	9	2	8
3	6	4	8	5	1	2	9	7
1	2	8	9	7	4	3	5	6
7	9	5	2	3	6	8	4	1

191

2	7	6	4	9	3	5	1	8
8	9	4	5	6	1	3	2	7
3	5	1	2	7	8	9	4	6
7	6	2	9	3	4	1	8	5
5	8	3	6	1	2	4	7	9
4	1	9	8	5	7	2	6	3
1	4	5	7	8	9	6	3	2
6	2	8	3	4	5	7	9	1
9	3	7	1	2	6	8	5	4

192

2	1	6	7	8	5	4	9	3
7	8	9	3	4	2	5	1	6
3	5	4	9	1	6	7	2	8
6	9	1	2	5	3	8	4	7
4	7	2	8	6	9	3	5	1
8	3	5	1	7	4	2	6	9
9	6	3	5	2	7	1	8	4
1	2	7	4	9	8	6	3	5
5	4	8	6	3	1	9	7	2

193

1	6	8	5	2	3	4	9	7
9	4	2	1	7	8	3	5	6
5	3	7	9	4	6	8	1	2
4	9	6	8	3	5	7	2	1
2	1	3	7	9	4	6	8	5
8	7	5	2	6	1	9	3	4
3	5	4	6	8	2	1	7	9
7	8	1	4	5	9	2	6	3
6	2	9	3	1	7	5	4	8

194

3	6	5	8	4	2	1	7	9
7	2	9	6	1	5	8	4	3
4	8	1	3	7	9	6	2	5
6	3	4	2	8	7	5	9	1
1	9	7	5	3	4	2	6	8
8	5	2	9	6	1	7	3	4
2	4	8	1	9	6	3	5	7
9	1	6	7	5	3	4	8	2
5	7	3	4	2	8	9	1	6

195

9	8	7	2	1	5	3	6	4
2	4	3	7	6	8	9	5	1
1	5	6	3	4	9	2	8	7
5	7	9	8	2	4	1	3	6
8	1	4	6	3	7	5	2	9
6	3	2	5	9	1	4	7	8
4	2	8	1	7	3	6	9	5
7	6	1	9	5	2	8	4	3
3	9	5	4	8	6	7	1	2

196

6	2	4	3	9	5	7	1	8
7	1	8	2	6	4	9	3	5
9	5	3	1	7	8	4	6	2
1	7	2	6	8	3	5	4	9
3	9	6	4	5	2	1	8	7
4	8	5	9	1	7	6	2	3
2	4	7	5	3	1	8	9	6
5	6	1	8	2	9	3	7	4
8	3	9	7	4	6	2	5	1

197

9	3	4	1	6	5	2	8	7
5	6	2	7	4	8	1	9	3
8	7	1	3	9	2	5	6	4
1	4	8	2	7	3	6	5	9
7	2	9	5	8	6	3	4	1
3	5	6	4	1	9	7	2	8
4	9	3	6	2	7	8	1	5
2	1	5	8	3	4	9	7	6
6	8	7	9	5	1	4	3	2

198

1	3	5	4	6	9	2	8	7
2	8	7	3	1	5	6	4	9
4	9	6	2	7	8	1	3	5
7	2	4	1	9	3	5	6	8
6	5	8	7	4	2	3	9	1
9	1	3	5	8	6	4	7	2
8	4	9	6	2	1	7	5	3
5	6	2	9	3	7	8	1	4
3	7	1	8	5	4	9	2	6

199

7	9	2	3	8	4	5	1	6
4	8	5	6	1	9	2	7	3
6	1	3	2	5	7	9	4	8
3	6	1	5	9	8	4	2	7
2	4	7	1	3	6	8	9	5
8	5	9	4	7	2	3	6	1
1	2	4	8	6	5	7	3	9
9	3	8	7	4	1	6	5	2
5	7	6	9	2	3	1	8	4

200

1	7	8	6	2	4	5	3	9
3	4	2	5	9	7	6	8	1
6	9	5	1	3	8	7	2	4
4	1	9	7	8	3	2	6	5
8	2	3	4	6	5	9	1	7
5	6	7	9	1	2	3	4	8
9	8	1	3	7	6	4	5	2
7	3	4	2	5	1	8	9	6
2	5	6	8	4	9	1	7	3

201

2	5	4	3	7	8	6	1	9
8	1	6	9	2	5	3	7	4
7	9	3	6	1	4	8	2	5
9	6	1	4	3	2	5	8	7
3	4	7	5	8	9	2	6	1
5	2	8	7	6	1	9	4	3
6	7	2	1	9	3	4	5	8
1	3	5	8	4	6	7	9	2
4	8	9	2	5	7	1	3	6

202

6	2	5	8	7	4	1	3	9
3	8	9	5	1	6	7	2	4
7	4	1	3	2	9	8	5	6
2	3	4	6	5	1	9	8	7
8	9	6	4	3	7	5	1	2
5	1	7	9	8	2	4	6	3
4	7	8	2	6	5	3	9	1
9	5	2	1	4	3	6	7	8
1	6	3	7	9	8	2	4	5

203

4	5	6	3	8	9	7	2	1
1	7	3	2	4	6	8	9	5
8	2	9	5	7	1	3	4	6
3	4	2	1	9	5	6	8	7
5	6	8	4	2	7	9	1	3
7	9	1	6	3	8	2	5	4
2	1	4	9	6	3	5	7	8
6	8	5	7	1	2	4	3	9
9	3	7	8	5	4	1	6	2

204

7	1	9	6	3	5	4	8	2
6	8	3	1	4	2	5	9	7
5	4	2	8	9	7	6	1	3
2	7	6	5	8	9	1	3	4
1	3	5	4	7	6	8	2	9
8	9	4	3	2	1	7	6	5
9	6	7	2	5	8	3	4	1
4	5	8	9	1	3	2	7	6
3	2	1	7	6	4	9	5	8

205

7	5	3	8	1	6	4	9	2
1	9	6	4	7	2	8	3	5
4	2	8	3	5	9	1	6	7
2	8	5	9	4	1	6	7	3
6	3	7	2	8	5	9	1	4
9	4	1	6	3	7	2	5	8
3	6	9	7	2	4	5	8	1
8	1	4	5	9	3	7	2	6
5	7	2	1	6	8	3	4	9

206

6	2	4	5	3	7	8	1	9
5	9	7	8	2	1	6	3	4
8	1	3	6	4	9	2	5	7
9	8	2	3	7	4	5	6	1
4	3	1	2	6	5	9	7	8
7	5	6	1	9	8	4	2	3
1	7	5	4	8	6	3	9	2
2	4	9	7	5	3	1	8	6
3	6	8	9	1	2	7	4	5

207

2	9	5	8	1	3	6	7	4
4	7	8	9	2	6	3	1	5
6	1	3	4	7	5	9	2	8
5	6	7	2	4	9	8	3	1
3	4	2	5	8	1	7	6	9
1	8	9	6	3	7	4	5	2
7	5	4	3	9	2	1	8	6
9	2	1	7	6	8	5	4	3
8	3	6	1	5	4	2	9	7

208

8	9	1	6	5	2	3	4	7
4	6	3	9	7	8	5	2	1
2	7	5	4	3	1	6	8	9
7	3	8	5	2	9	4	1	6
5	4	2	1	6	7	9	3	8
9	1	6	3	8	4	7	5	2
3	2	7	8	9	5	1	6	4
6	8	4	7	1	3	2	9	5
1	5	9	2	4	6	8	7	3

209

3	5	7	1	6	8	2	4	9
2	4	6	5	7	9	3	1	8
8	9	1	2	3	4	5	6	7
9	6	8	3	4	1	7	2	5
7	1	2	8	9	5	6	3	4
5	3	4	6	2	7	8	9	1
6	8	9	7	1	3	4	5	2
1	2	5	4	8	6	9	7	3
4	7	3	9	5	2	1	8	6

210

9	6	4	8	3	1	2	7	5
7	3	1	5	2	4	8	6	9
2	5	8	9	6	7	4	1	3
6	1	5	7	4	2	3	9	8
4	9	3	1	5	8	6	2	7
8	2	7	3	9	6	5	4	1
5	4	9	2	7	3	1	8	6
1	7	6	4	8	5	9	3	2
3	8	2	6	1	9	7	5	4

211

3	8	5	9	2	4	7	6	1
1	7	4	5	3	6	2	9	8
6	9	2	1	8	7	3	5	4
4	2	7	6	1	9	5	8	3
8	1	3	2	7	5	9	4	6
9	5	6	8	4	3	1	7	2
5	3	1	4	9	8	6	2	7
2	4	9	7	6	1	8	3	5
7	6	8	3	5	2	4	1	9

212

9	3	5	2	1	4	7	8	6
2	1	8	7	3	6	5	4	9
6	7	4	9	5	8	1	3	2
7	8	6	3	4	2	9	5	1
4	5	1	8	9	7	6	2	3
3	2	9	5	6	1	4	7	8
1	9	2	4	7	3	8	6	5
5	4	3	6	8	9	2	1	7
8	6	7	1	2	5	3	9	4

213

9	3	5	6	2	7	8	1	4
4	8	2	5	9	1	3	6	7
6	1	7	4	8	3	5	9	2
3	6	8	9	5	4	2	7	1
7	2	4	3	1	8	9	5	6
5	9	1	2	7	6	4	3	8
2	7	6	8	3	5	1	4	9
8	4	3	1	6	9	7	2	5
1	5	9	7	4	2	6	8	3

214

1	5	6	9	3	4	7	8	2
3	4	8	2	5	7	6	9	1
2	9	7	8	1	6	4	3	5
6	3	4	7	8	1	5	2	9
5	7	9	3	6	2	8	1	4
8	1	2	4	9	5	3	7	6
4	8	3	5	2	9	1	6	7
9	6	5	1	7	8	2	4	3
7	2	1	6	4	3	9	5	8

215

8	4	1	2	9	3	5	6	7
3	6	7	5	8	4	2	1	9
5	9	2	6	1	7	4	3	8
4	2	6	7	5	1	9	8	3
9	1	3	4	6	8	7	2	5
7	5	8	9	3	2	6	4	1
1	7	5	8	4	6	3	9	2
6	8	9	3	2	5	1	7	4
2	3	4	1	7	9	8	5	6

216

5	9	4	6	3	2	1	8	7
2	3	6	1	7	8	5	9	4
8	1	7	9	4	5	2	3	6
7	5	9	4	8	6	3	2	1
1	6	2	7	5	3	9	4	8
3	4	8	2	9	1	6	7	5
9	8	1	5	2	4	7	6	3
6	2	3	8	1	7	4	5	9
4	7	5	3	6	9	8	1	2

217

3	5	4	1	7	6	9	8	2
7	2	6	9	4	8	5	3	1
1	9	8	3	2	5	4	6	7
8	4	7	2	5	9	6	1	3
9	3	1	6	8	4	2	7	5
5	6	2	7	3	1	8	9	4
4	7	5	8	9	3	1	2	6
6	8	3	4	1	2	7	5	9
2	1	9	5	6	7	3	4	8

218

9	7	6	2	1	8	4	3	5
3	5	2	4	6	7	8	1	9
1	4	8	5	3	9	6	7	2
6	3	7	1	2	5	9	8	4
2	9	1	6	8	4	7	5	3
5	8	4	7	9	3	2	6	1
7	2	9	8	5	1	3	4	6
4	6	5	3	7	2	1	9	8
8	1	3	9	4	6	5	2	7

219

5	2	7	3	1	4	6	9	8
8	6	9	2	5	7	4	1	3
4	1	3	6	8	9	2	7	5
3	7	6	1	4	2	8	5	9
1	8	2	7	9	5	3	6	4
9	5	4	8	3	6	7	2	1
2	9	8	4	6	1	5	3	7
6	3	5	9	7	8	1	4	2
7	4	1	5	2	3	9	8	6

220

3	9	6	8	5	2	1	7	4
8	4	2	6	1	7	5	3	9
5	1	7	3	4	9	8	6	2
7	2	5	9	3	6	4	8	1
4	8	3	5	7	1	9	2	6
1	6	9	2	8	4	3	5	7
6	3	1	4	2	8	7	9	5
9	5	4	7	6	3	2	1	8
2	7	8	1	9	5	6	4	3

221

8	5	6	7	9	2	3	1	4
7	4	3	8	5	1	9	2	6
2	1	9	4	6	3	5	8	7
6	3	2	5	8	4	7	9	1
4	8	1	9	2	7	6	3	5
5	9	7	1	3	6	2	4	8
3	2	5	6	4	8	1	7	9
1	6	4	3	7	9	8	5	2
9	7	8	2	1	5	4	6	3

222

9	8	1	5	6	4	2	7	3
5	6	2	3	1	7	8	9	4
4	7	3	2	9	8	1	6	5
7	3	9	1	4	6	5	2	8
6	2	4	8	5	3	9	1	7
8	1	5	9	7	2	3	4	6
3	9	6	7	8	1	4	5	2
1	4	8	6	2	5	7	3	9
2	5	7	4	3	9	6	8	1

223

1	3	8	7	2	4	6	5	9
2	6	4	1	5	9	3	7	8
9	5	7	3	8	6	4	2	1
5	4	9	8	3	7	1	6	2
8	7	3	6	1	2	5	9	4
6	1	2	4	9	5	8	3	7
3	2	5	9	4	1	7	8	6
7	8	1	2	6	3	9	4	5
4	9	6	5	7	8	2	1	3

224

1	4	5	6	9	3	2	7	8
6	7	8	2	5	4	1	3	9
3	9	2	1	7	8	4	5	6
2	5	1	8	6	7	9	4	3
4	6	9	5	3	2	8	1	7
7	8	3	9	4	1	6	2	5
5	2	4	7	8	9	3	6	1
9	1	7	3	2	6	5	8	4
8	3	6	4	1	5	7	9	2

225

3	1	8	9	6	7	5	4	2
9	7	5	8	2	4	6	3	1
2	6	4	3	1	5	9	8	7
1	5	3	6	9	2	4	7	8
7	8	6	4	3	1	2	5	9
4	2	9	5	7	8	1	6	3
6	4	1	7	8	9	3	2	5
5	9	7	2	4	3	8	1	6
8	3	2	1	5	6	7	9	4

226

5	1	2	3	4	9	6	8	7
6	9	4	8	2	7	5	3	1
7	3	8	5	6	1	2	4	9
9	7	5	2	3	8	4	1	6
8	6	3	1	7	4	9	5	2
2	4	1	6	9	5	8	7	3
3	5	7	9	8	6	1	2	4
1	2	6	4	5	3	7	9	8
4	8	9	7	1	2	3	6	5

227

9	8	7	4	1	5	6	3	2
2	6	3	9	8	7	5	1	4
4	1	5	6	2	3	7	8	9
1	5	2	3	6	9	8	4	7
6	7	8	5	4	2	3	9	1
3	4	9	8	7	1	2	6	5
7	3	1	2	9	8	4	5	6
8	9	4	7	5	6	1	2	3
5	2	6	1	3	4	9	7	8

228

5	6	3	9	1	8	7	2	4
8	1	7	6	2	4	9	3	5
9	2	4	3	5	7	1	8	6
1	8	6	5	3	9	2	4	7
7	5	9	2	4	6	3	1	8
3	4	2	7	8	1	6	5	9
2	9	1	8	6	5	4	7	3
4	7	5	1	9	3	8	6	2
6	3	8	4	7	2	5	9	1

229

7	2	4	5	1	9	6	8	3
1	8	5	2	3	6	9	7	4
9	3	6	8	4	7	2	1	5
4	6	9	1	2	5	8	3	7
2	7	1	3	6	8	4	5	9
3	5	8	7	9	4	1	6	2
8	9	2	6	7	3	5	4	1
5	4	3	9	8	1	7	2	6
6	1	7	4	5	2	3	9	8

230

8	5	6	3	4	2	9	7	1
1	7	4	8	6	9	5	2	3
9	3	2	7	5	1	4	8	6
3	6	7	1	8	5	2	9	4
4	9	8	6	2	3	7	1	5
2	1	5	9	7	4	3	6	8
5	2	1	4	9	6	8	3	7
6	8	9	5	3	7	1	4	2
7	4	3	2	1	8	6	5	9

231

4	9	6	1	5	7	8	3	2
2	1	8	3	9	6	7	4	5
7	5	3	2	8	4	1	9	6
8	2	7	5	4	9	6	1	3
5	3	1	6	7	2	9	8	4
6	4	9	8	3	1	2	5	7
9	6	2	4	1	5	3	7	8
1	8	5	7	6	3	4	2	9
3	7	4	9	2	8	5	6	1

232

3	1	9	6	4	7	5	8	2
7	5	2	1	8	9	6	3	4
4	8	6	2	3	5	7	1	9
2	4	5	3	6	1	9	7	8
8	3	1	9	7	2	4	6	5
9	6	7	8	5	4	1	2	3
5	7	8	4	2	6	3	9	1
1	2	4	7	9	3	8	5	6
6	9	3	5	1	8	2	4	7

233

5	4	9	1	6	3	7	2	8
8	3	1	5	2	7	9	4	6
6	7	2	8	9	4	1	3	5
9	2	8	6	5	1	4	7	3
4	1	5	7	3	8	2	6	9
7	6	3	2	4	9	5	8	1
2	8	4	9	1	6	3	5	7
3	9	6	4	7	5	8	1	2
1	5	7	3	8	2	6	9	4

234

2	4	7	3	8	1	9	5	6
3	1	8	5	9	6	4	7	2
6	9	5	2	7	4	3	8	1
7	2	1	9	4	5	6	3	8
9	5	3	7	6	8	2	1	4
8	6	4	1	3	2	7	9	5
4	7	2	8	5	3	1	6	9
5	3	6	4	1	9	8	2	7
1	8	9	6	2	7	5	4	3

235

8	1	2	6	3	7	9	4	5
7	4	3	5	9	2	6	8	1
6	5	9	8	4	1	3	7	2
5	7	4	1	8	9	2	3	6
3	2	8	7	6	5	4	1	9
1	9	6	3	2	4	8	5	7
2	3	1	4	5	6	7	9	8
9	8	5	2	7	3	1	6	4
4	6	7	9	1	8	5	2	3

236

1	6	8	5	7	3	2	9	4
7	2	4	1	6	9	8	5	3
5	9	3	8	2	4	6	1	7
8	4	2	9	3	6	5	7	1
6	1	9	2	5	7	3	4	8
3	7	5	4	8	1	9	2	6
9	3	6	7	4	2	1	8	5
2	5	7	6	1	8	4	3	9
4	8	1	3	9	5	7	6	2

237

6	4	9	8	3	1	7	5	2
8	2	7	5	4	9	3	1	6
5	3	1	6	7	2	4	8	9
7	5	3	2	8	4	6	9	1
2	1	8	3	9	6	5	4	7
4	9	6	1	5	7	2	3	8
3	7	4	9	2	8	1	6	5
1	8	5	7	6	3	9	2	4
9	6	2	4	1	5	8	7	3

238

9	5	6	8	1	2	3	7	4
7	8	1	9	3	4	5	2	6
2	3	4	5	7	6	8	1	9
3	1	9	6	5	7	2	4	8
8	4	7	1	2	9	6	3	5
5	6	2	4	8	3	7	9	1
1	9	3	7	6	8	4	5	2
4	7	8	2	9	5	1	6	3
6	2	5	3	4	1	9	8	7

239

2	4	7	6	8	5	9	3	1
6	5	3	9	1	4	7	2	8
8	9	1	2	7	3	5	6	4
9	7	2	4	5	1	3	8	6
5	3	4	8	6	7	1	9	2
1	8	6	3	9	2	4	7	5
4	2	9	5	3	8	6	1	7
3	1	8	7	4	6	2	5	9
7	6	5	1	2	9	8	4	3

240

8	9	5	4	3	2	6	1	7
6	3	1	7	8	5	2	9	4
2	7	4	9	6	1	3	5	8
5	4	6	2	1	9	7	8	3
3	8	2	5	7	6	1	4	9
7	1	9	8	4	3	5	6	2
4	5	7	6	2	8	9	3	1
9	2	3	1	5	4	8	7	6
1	6	8	3	9	7	4	2	5

241

5	2	8	7	4	9	6	1	3
7	6	9	3	1	2	5	8	4
3	4	1	5	6	8	2	7	9
1	7	2	9	5	4	3	6	8
6	3	4	2	8	7	9	5	1
8	9	5	6	3	1	7	4	2
9	8	6	1	2	5	4	3	7
4	5	7	8	9	3	1	2	6
2	1	3	4	7	6	8	9	5

242

5	8	3	7	4	2	9	1	6
7	9	1	8	3	6	4	5	2
2	4	6	5	9	1	3	7	8
3	6	8	9	1	4	7	2	5
4	7	5	2	6	8	1	9	3
9	1	2	3	7	5	6	8	4
6	2	9	4	8	7	5	3	1
8	3	4	1	5	9	2	6	7
1	5	7	6	2	3	8	4	9

243

3	1	2	9	6	4	8	7	5
7	8	5	1	3	2	6	4	9
9	4	6	7	5	8	2	1	3
8	2	9	5	7	3	1	6	4
1	5	7	4	8	6	9	3	2
6	3	4	2	9	1	5	8	7
4	6	8	3	2	5	7	9	1
2	9	1	8	4	7	3	5	6
5	7	3	6	1	9	4	2	8

244

9	1	4	3	2	6	8	5	7
2	3	5	9	8	7	6	4	1
7	8	6	4	1	5	2	9	3
5	7	2	6	3	8	9	1	4
3	4	8	5	9	1	7	6	2
6	9	1	7	4	2	3	8	5
1	5	7	8	6	3	4	2	9
8	2	9	1	7	4	5	3	6
4	6	3	2	5	9	1	7	8

245

6	7	3	4	2	9	5	8	1
5	1	9	8	7	6	2	4	3
4	8	2	1	5	3	7	9	6
2	6	8	9	1	7	3	5	4
9	5	4	6	3	2	1	7	8
1	3	7	5	8	4	6	2	9
7	4	6	3	9	5	8	1	2
3	2	1	7	4	8	9	6	5
8	9	5	2	6	1	4	3	7

246

1	7	5	8	3	6	9	2	4
6	2	8	4	1	9	7	5	3
9	3	4	2	7	5	1	8	6
8	5	9	3	6	4	2	7	1
3	4	2	1	5	7	6	9	8
7	1	6	9	8	2	3	4	5
4	6	7	5	9	3	8	1	2
2	9	1	6	4	8	5	3	7
5	8	3	7	2	1	4	6	9

247

8	6	5	7	3	1	9	2	4
7	9	3	2	4	6	1	8	5
1	4	2	9	5	8	3	7	6
4	3	9	6	8	7	5	1	2
5	7	6	3	1	2	8	4	9
2	8	1	4	9	5	7	6	3
3	1	7	5	6	4	2	9	8
6	5	8	1	2	9	4	3	7
9	2	4	8	7	3	6	5	1

248

4	5	6	7	8	2	1	9	3
8	1	3	4	6	9	2	7	5
2	7	9	3	5	1	6	4	8
6	9	1	5	2	8	7	3	4
3	2	4	6	9	7	8	5	1
7	8	5	1	4	3	9	6	2
5	4	7	2	1	6	3	8	9
9	6	2	8	3	5	4	1	7
1	3	8	9	7	4	5	2	6

249

5	4	2	1	8	3	9	7	6
3	7	6	9	2	4	8	5	1
9	8	1	7	6	5	3	4	2
8	1	3	2	4	6	5	9	7
6	9	4	8	5	7	1	2	3
2	5	7	3	9	1	4	6	8
1	3	9	5	7	2	6	8	4
4	2	5	6	3	8	7	1	9
7	6	8	4	1	9	2	3	5

250

6	5	1	4	7	8	9	3	2
4	9	2	5	3	1	6	8	7
7	3	8	6	9	2	4	1	5
5	7	6	3	8	4	2	9	1
2	1	9	7	6	5	3	4	8
8	4	3	2	1	9	5	7	6
1	6	7	9	2	3	8	5	4
9	8	5	1	4	6	7	2	3
3	2	4	8	5	7	1	6	9

251

2	8	4	5	7	6	3	9	1
3	9	7	2	1	8	4	6	5
6	5	1	4	3	9	7	8	2
9	7	8	6	2	5	1	4	3
4	6	2	1	8	3	5	7	9
5	1	3	7	9	4	8	2	6
8	2	6	3	4	1	9	5	7
7	3	9	8	5	2	6	1	4
1	4	5	9	6	7	2	3	8

252

5	9	2	7	3	8	1	6	4
3	1	4	6	5	2	8	9	7
8	7	6	9	1	4	3	5	2
7	3	5	4	6	9	2	1	8
2	6	1	5	8	3	7	4	9
9	4	8	1	2	7	6	3	5
6	2	9	3	7	5	4	8	1
1	5	7	8	4	6	9	2	3
4	8	3	2	9	1	5	7	6

253

4	5	3	1	8	7	2	6	9
1	2	8	9	6	5	4	7	3
7	6	9	4	2	3	1	8	5
9	8	1	6	3	4	5	2	7
6	7	4	5	9	2	3	1	8
5	3	2	7	1	8	6	9	4
2	9	7	3	5	1	8	4	6
8	4	5	2	7	6	9	3	1
3	1	6	8	4	9	7	5	2

254

8	5	7	9	1	4	6	3	2
6	1	3	5	8	2	9	7	4
4	9	2	7	6	3	8	5	1
1	2	8	3	4	7	5	6	9
9	4	6	1	5	8	3	2	7
7	3	5	6	2	9	4	1	8
3	8	1	4	7	5	2	9	6
2	6	9	8	3	1	7	4	5
5	7	4	2	9	6	1	8	3

255

2	8	1	7	3	9	6	5	4
4	5	9	6	8	1	2	3	7
7	3	6	2	4	5	1	8	9
5	4	3	8	1	2	9	7	6
8	6	7	9	5	4	3	1	2
1	9	2	3	6	7	5	4	8
3	7	4	5	2	6	8	9	1
9	2	8	1	7	3	4	6	5
6	1	5	4	9	8	7	2	3

256

9	8	1	3	4	6	2	7	5
5	7	6	8	2	1	9	4	3
2	4	3	5	9	7	6	8	1
6	2	7	4	5	9	1	3	8
4	5	8	1	6	3	7	2	9
1	3	9	7	8	2	4	5	6
8	6	5	2	1	4	3	9	7
3	1	4	9	7	5	8	6	2
7	9	2	6	3	8	5	1	4

257

5	4	3	7	1	6	2	9	8
7	8	1	2	9	4	6	5	3
2	6	9	8	5	3	4	1	7
8	5	4	9	6	7	1	3	2
3	2	7	1	4	5	9	8	6
1	9	6	3	2	8	7	4	5
9	3	5	4	7	2	8	6	1
6	1	2	5	8	9	3	7	4
4	7	8	6	3	1	5	2	9

258

1	3	4	9	6	8	5	2	7
5	6	7	1	2	3	4	9	8
8	9	2	5	7	4	6	1	3
4	7	8	6	1	2	9	3	5
6	5	1	3	4	9	8	7	2
9	2	3	7	8	5	1	6	4
3	1	6	8	5	7	2	4	9
7	4	5	2	9	6	3	8	1
2	8	9	4	3	1	7	5	6

259

1	6	3	9	2	4	7	8	5
8	4	2	5	7	1	3	6	9
9	7	5	6	8	3	2	4	1
2	1	4	3	6	8	9	5	7
7	8	9	1	5	2	6	3	4
3	5	6	4	9	7	1	2	8
4	3	7	2	1	5	8	9	6
6	2	1	8	4	9	5	7	3
5	9	8	7	3	6	4	1	2

260

5	8	6	1	2	3	4	9	7
2	3	4	9	7	6	1	5	8
7	1	9	4	8	5	2	6	3
1	4	3	7	6	9	8	2	5
6	7	5	8	4	2	9	3	1
8	9	2	5	3	1	7	4	6
3	2	7	6	1	4	5	8	9
4	5	1	3	9	8	6	7	2
9	6	8	2	5	7	3	1	4

261

2	9	1	5	6	3	7	8	4
3	6	7	4	8	1	2	9	5
4	5	8	7	2	9	3	6	1
5	3	4	2	9	7	8	1	6
1	7	6	3	4	8	5	2	9
9	8	2	1	5	6	4	7	3
6	4	3	8	1	2	9	5	7
7	2	9	6	3	5	1	4	8
8	1	5	9	7	4	6	3	2

262

9	1	8	6	2	4	5	3	7
2	7	4	5	3	1	9	8	6
5	6	3	9	7	8	4	2	1
3	9	5	1	4	2	7	6	8
6	2	1	8	5	7	3	4	9
8	4	7	3	6	9	1	5	2
1	5	9	2	8	3	6	7	4
7	8	6	4	1	5	2	9	3
4	3	2	7	9	6	8	1	5

263

4	8	5	9	2	3	1	7	6
3	9	1	6	4	7	2	5	8
2	6	7	1	8	5	9	3	4
9	1	3	8	6	2	7	4	5
7	2	8	3	5	4	6	9	1
6	5	4	7	1	9	8	2	3
5	4	6	2	9	8	3	1	7
1	3	2	5	7	6	4	8	9
8	7	9	4	3	1	5	6	2

264

4	5	3	8	7	2	6	1	9
8	6	2	5	1	9	7	3	4
7	1	9	3	6	4	8	2	5
2	9	4	1	8	6	5	7	3
6	8	7	2	3	5	9	4	1
1	3	5	4	9	7	2	6	8
3	7	6	9	5	1	4	8	2
5	2	1	7	4	8	3	9	6
9	4	8	6	2	3	1	5	7

265

1	8	7	9	6	4	3	2	5
4	5	9	3	2	1	8	7	6
2	6	3	5	7	8	1	9	4
7	4	1	8	9	2	5	6	3
6	9	8	1	3	5	7	4	2
5	3	2	6	4	7	9	1	8
9	2	5	4	1	3	6	8	7
8	1	4	7	5	6	2	3	9
3	7	6	2	8	9	4	5	1

266

1	8	4	2	5	6	3	7	9
2	3	7	9	8	1	5	6	4
6	5	9	3	7	4	1	8	2
9	6	1	8	2	7	4	3	5
8	2	3	1	4	5	7	9	6
4	7	5	6	9	3	8	2	1
5	9	2	7	1	8	6	4	3
7	1	6	4	3	2	9	5	8
3	4	8	5	6	9	2	1	7

267

2	6	9	8	4	3	1	7	5
3	1	4	7	5	9	2	6	8
5	7	8	6	1	2	4	3	9
8	9	1	4	3	7	6	5	2
4	5	7	1	2	6	9	8	3
6	3	2	5	9	8	7	1	4
1	4	3	2	7	5	8	9	6
7	8	5	9	6	4	3	2	1
9	2	6	3	8	1	5	4	7

268

7	6	3	1	8	5	4	2	9
5	1	4	9	6	2	3	7	8
9	8	2	3	7	4	5	6	1
8	7	1	6	4	9	2	5	3
6	2	9	5	3	1	8	4	7
3	4	5	8	2	7	9	1	6
1	5	7	4	9	3	6	8	2
2	3	8	7	5	6	1	9	4
4	9	6	2	1	8	7	3	5

269

3	5	7	8	1	6	2	9	4
9	2	6	4	7	3	8	5	1
4	8	1	2	5	9	6	3	7
6	9	3	1	4	7	5	8	2
7	1	5	6	8	2	3	4	9
2	4	8	9	3	5	7	1	6
8	6	2	5	9	1	4	7	3
1	7	4	3	6	8	9	2	5
5	3	9	7	2	4	1	6	8

270

6	9	7	8	2	3	1	4	5
8	2	4	1	7	5	6	9	3
5	1	3	9	6	4	7	8	2
1	8	2	5	4	6	9	3	7
3	6	9	7	1	2	8	5	4
4	7	5	3	9	8	2	6	1
7	4	6	2	3	9	5	1	8
2	3	8	6	5	1	4	7	9
9	5	1	4	8	7	3	2	6

271

6	3	1	7	4	9	2	8	5
2	8	7	6	5	1	3	9	4
9	4	5	2	3	8	7	1	6
8	9	2	3	1	4	6	5	7
7	1	6	5	8	2	4	3	9
3	5	4	9	6	7	8	2	1
1	6	8	4	2	5	9	7	3
4	2	9	1	7	3	5	6	8
5	7	3	8	9	6	1	4	2

272

2	5	9	6	4	1	3	7	8
7	1	4	8	3	9	5	2	6
6	8	3	2	5	7	9	1	4
4	6	1	3	7	2	8	5	9
8	9	5	4	1	6	7	3	2
3	2	7	9	8	5	4	6	1
1	4	8	5	6	3	2	9	7
9	3	6	7	2	4	1	8	5
5	7	2	1	9	8	6	4	3

273

2	7	6	9	1	4	5	8	3
4	8	1	5	3	6	2	7	9
5	3	9	8	2	7	1	4	6
1	5	4	2	9	3	7	6	8
8	6	7	1	4	5	3	9	2
3	9	2	6	7	8	4	1	5
6	1	8	7	5	2	9	3	4
9	2	3	4	6	1	8	5	7
7	4	5	3	8	9	6	2	1

274

9	6	2	8	1	7	5	3	4
3	1	5	6	9	4	8	7	2
8	7	4	3	5	2	6	9	1
5	8	3	4	7	6	1	2	9
2	9	7	5	8	1	4	6	3
1	4	6	2	3	9	7	5	8
6	3	1	9	4	5	2	8	7
7	5	8	1	2	3	9	4	6
4	2	9	7	6	8	3	1	5

275

7	3	8	1	4	6	2	9	5
6	9	1	5	2	8	4	7	3
4	5	2	7	3	9	6	1	8
8	2	3	9	6	1	7	5	4
1	6	7	3	5	4	9	8	2
9	4	5	2	8	7	1	3	6
5	8	9	6	1	2	3	4	7
2	7	4	8	9	3	5	6	1
3	1	6	4	7	5	8	2	9

276

9	2	1	5	3	8	6	7	4
8	3	7	6	1	4	9	5	2
5	4	6	7	2	9	1	8	3
6	9	8	2	4	3	7	1	5
1	7	2	9	6	5	4	3	8
4	5	3	1	8	7	2	9	6
2	6	9	8	5	1	3	4	7
3	1	5	4	7	2	8	6	9
7	8	4	3	9	6	5	2	1

277

9	4	8	2	5	7	6	1	3
3	5	2	6	1	8	4	9	7
7	6	1	4	3	9	5	2	8
5	8	9	7	2	6	1	3	4
2	3	4	5	9	1	8	7	6
6	1	7	8	4	3	2	5	9
1	7	5	9	8	4	3	6	2
8	9	3	1	6	2	7	4	5
4	2	6	3	7	5	9	8	1

278

6	1	5	4	9	8	7	3	2
3	2	4	5	7	6	9	8	1
9	7	8	1	3	2	4	6	5
8	6	2	9	5	4	3	1	7
5	4	7	8	1	3	2	9	6
1	9	3	2	6	7	5	4	8
2	8	1	7	4	9	6	5	3
4	5	6	3	2	1	8	7	9
7	3	9	6	8	5	1	2	4

279

7	6	4	2	9	1	8	3	5
5	9	8	7	4	3	2	6	1
1	3	2	6	5	8	9	7	4
3	4	9	8	1	5	6	2	7
8	7	1	9	6	2	5	4	3
2	5	6	4	3	7	1	9	8
6	8	3	1	7	9	4	5	2
9	1	5	3	2	4	7	8	6
4	2	7	5	8	6	3	1	9

280

6	7	4	1	2	5	3	8	9
1	8	2	3	9	4	7	5	6
3	5	9	7	8	6	2	4	1
4	9	7	6	1	8	5	3	2
5	6	1	2	4	3	9	7	8
2	3	8	9	5	7	1	6	4
7	1	3	4	6	2	8	9	5
8	2	6	5	7	9	4	1	3
9	4	5	8	3	1	6	2	7

281

3	6	1	4	2	8	7	9	5
7	8	5	3	1	9	6	4	2
2	9	4	5	7	6	3	1	8
5	2	6	9	8	3	1	7	4
9	1	7	2	4	5	8	6	3
8	4	3	7	6	1	5	2	9
6	5	8	1	9	4	2	3	7
4	3	2	6	5	7	9	8	1
1	7	9	8	3	2	4	5	6

282

7	5	6	8	4	9	3	2	1
9	1	8	7	3	2	6	5	4
3	2	4	5	6	1	9	8	7
6	7	2	4	5	8	1	9	3
1	8	5	3	9	6	4	7	2
4	9	3	2	1	7	5	6	8
5	3	7	6	8	4	2	1	9
8	4	1	9	2	5	7	3	6
2	6	9	1	7	3	8	4	5

283

2	1	7	4	5	8	9	3	6
5	9	8	1	6	3	2	7	4
4	3	6	9	2	7	8	5	1
8	5	4	2	1	9	3	6	7
1	7	3	8	4	6	5	2	9
9	6	2	7	3	5	4	1	8
3	8	5	6	9	1	7	4	2
6	2	9	3	7	4	1	8	5
7	4	1	5	8	2	6	9	3

284

9	6	3	8	5	1	7	2	4
1	8	4	6	2	7	3	5	9
2	7	5	3	9	4	6	8	1
6	4	9	2	1	8	5	3	7
8	3	1	4	7	5	9	6	2
5	2	7	9	6	3	1	4	8
7	1	6	5	8	2	4	9	3
3	5	8	1	4	9	2	7	6
4	9	2	7	3	6	8	1	5

285

5	7	8	9	4	2	6	3	1
3	1	9	7	6	8	2	5	4
2	4	6	1	5	3	9	8	7
9	3	7	8	2	5	4	1	6
8	6	1	4	3	7	5	9	2
4	2	5	6	1	9	8	7	3
1	8	4	5	7	6	3	2	9
7	5	2	3	9	4	1	6	8
6	9	3	2	8	1	7	4	5

286

4	8	2	9	1	5	7	3	6
9	1	5	6	7	3	2	4	8
3	6	7	2	4	8	5	9	1
6	3	4	5	8	2	9	1	7
8	5	1	7	3	9	4	6	2
2	7	9	1	6	4	3	8	5
5	2	8	4	9	1	6	7	3
1	9	6	3	5	7	8	2	4
7	4	3	8	2	6	1	5	9

287

5	8	4	3	9	6	7	1	2
2	7	9	5	1	4	3	8	6
1	3	6	8	7	2	9	5	4
6	5	3	2	4	7	8	9	1
8	4	7	1	5	9	6	2	3
9	2	1	6	8	3	4	7	5
4	1	5	7	3	8	2	6	9
7	9	2	4	6	5	1	3	8
3	6	8	9	2	1	5	4	7

288

9	2	1	5	6	7	8	3	4
7	4	6	3	8	2	1	9	5
5	8	3	4	9	1	7	2	6
8	5	7	1	2	9	6	4	3
1	3	2	6	4	5	9	7	8
6	9	4	7	3	8	2	5	1
3	1	9	8	7	4	5	6	2
2	6	8	9	5	3	4	1	7
4	7	5	2	1	6	3	8	9

289

7	5	2	9	3	4	6	1	8
1	9	4	6	8	7	5	3	2
6	3	8	2	1	5	7	4	9
2	7	1	8	4	9	3	5	6
8	6	9	7	5	3	4	2	1
5	4	3	1	6	2	8	9	7
4	2	6	3	7	1	9	8	5
9	8	5	4	2	6	1	7	3
3	1	7	5	9	8	2	6	4

290

3	9	6	5	4	1	7	8	2
7	5	2	8	3	6	1	4	9
4	1	8	2	7	9	6	3	5
2	7	5	3	6	8	4	9	1
9	3	4	7	1	5	8	2	6
8	6	1	4	9	2	3	5	7
1	4	7	9	5	3	2	6	8
6	2	9	1	8	4	5	7	3
5	8	3	6	2	7	9	1	4

291

6	8	3	2	4	1	7	5	9
2	4	7	5	9	8	6	3	1
1	5	9	7	3	6	2	4	8
8	2	4	6	5	9	3	1	7
9	7	6	3	1	4	5	8	2
5	3	1	8	7	2	4	9	6
3	9	5	1	2	7	8	6	4
7	1	8	4	6	5	9	2	3
4	6	2	9	8	3	1	7	5

292

4	9	2	6	8	5	7	1	3
5	1	7	9	3	4	6	8	2
8	6	3	1	2	7	5	4	9
3	8	5	4	1	9	2	7	6
6	4	1	5	7	2	3	9	8
2	7	9	3	6	8	1	5	4
1	5	8	2	9	6	4	3	7
7	3	6	8	4	1	9	2	5
9	2	4	7	5	3	8	6	1

293

6	5	8	9	1	3	4	7	2
4	3	2	6	8	7	9	5	1
9	1	7	2	5	4	6	3	8
2	9	6	3	4	5	8	1	7
7	4	3	8	9	1	2	6	5
5	8	1	7	2	6	3	9	4
1	2	9	5	3	8	7	4	6
3	7	4	1	6	2	5	8	9
8	6	5	4	7	9	1	2	3

294

4	1	9	7	2	6	5	3	8
3	8	7	4	5	1	2	6	9
5	2	6	8	3	9	4	7	1
1	9	2	5	6	3	7	8	4
6	7	3	9	4	8	1	2	5
8	4	5	1	7	2	3	9	6
2	3	1	6	9	5	8	4	7
7	6	8	3	1	4	9	5	2
9	5	4	2	8	7	6	1	3

295

9	5	2	1	6	8	4	3	7
4	1	7	3	5	9	2	8	6
6	8	3	2	4	7	9	1	5
1	2	8	5	7	4	6	9	3
7	4	6	9	3	1	5	2	8
3	9	5	6	8	2	7	4	1
2	7	9	8	1	5	3	6	4
8	6	4	7	9	3	1	5	2
5	3	1	4	2	6	8	7	9

296

6	9	4	2	1	5	7	3	8
5	1	3	4	8	7	2	6	9
2	7	8	6	3	9	5	1	4
3	6	7	5	4	8	1	9	2
1	4	2	9	7	3	8	5	6
9	8	5	1	6	2	4	7	3
7	3	6	8	5	4	9	2	1
4	5	9	3	2	1	6	8	7
8	2	1	7	9	6	3	4	5

297

3	4	2	5	8	9	6	1	7
8	6	5	7	2	1	4	9	3
9	1	7	6	4	3	8	2	5
5	7	6	2	9	4	1	3	8
1	3	4	8	5	6	2	7	9
2	8	9	1	3	7	5	4	6
7	5	8	3	1	2	9	6	4
4	2	3	9	6	5	7	8	1
6	9	1	4	7	8	3	5	2

298

1	2	8	4	7	5	3	6	9
7	5	6	9	8	3	4	1	2
3	4	9	6	2	1	5	8	7
4	7	3	8	6	2	1	9	5
9	6	5	7	1	4	2	3	8
2	8	1	3	5	9	6	7	4
8	1	7	2	4	6	9	5	3
5	9	4	1	3	7	8	2	6
6	3	2	5	9	8	7	4	1

299

9	2	6	7	5	1	8	4	3
4	7	3	6	2	8	1	9	5
1	5	8	3	9	4	6	2	7
8	4	2	5	3	9	7	1	6
6	1	7	8	4	2	3	5	9
3	9	5	1	7	6	4	8	2
2	6	9	4	1	7	5	3	8
5	8	4	9	6	3	2	7	1
7	3	1	2	8	5	9	6	4

300

6	1	5	9	2	8	3	4	7
2	3	4	7	6	5	9	8	1
8	9	7	3	1	4	5	2	6
1	4	3	6	8	7	2	9	5
5	8	9	2	3	1	7	6	4
7	2	6	4	5	9	1	3	8
4	5	8	1	9	3	6	7	2
9	7	2	5	4	6	8	1	3
3	6	1	8	7	2	4	5	9